1회 정답 및 풀이

랑데뷰☆수학 모의고사 - 시즌2 제1회

공통과목

1	②	2	③	3	③	4	③	5	②
6	②	7	④	8	①	9	②	10	⑤
11	③	12	⑤	13	③	14	④	15	③
16	20	17	16	18	6	19	1	20	96
21	3	22	9						

확률과 통계

23	①	24	④	25	①	26	④	27	③
28	①	29	40	30	36				

미적분

23	③	24	②	25	②	26	①	27	②
28	①	29	15	30	10				

기하

23	①	24	①	25	⑤	26	⑤	27	⑤
28	⑤	29	27	30	19				

랑데뷰☆수학 모의고사 - 시즌2 제1회 풀이

공통과목

[출제자 : 황보백T]

1) 정답 ②

[검토자 : 김가람T]

$$2^{\frac{2}{3}}\times 5^{-\frac{1}{3}}\times 10^{\frac{4}{3}}=2^{\frac{2}{3}}\times 5^{-\frac{1}{3}}\times 2^{\frac{4}{3}}\times 5^{\frac{4}{3}}$$
$$=2^{\frac{2}{3}+\frac{4}{3}}\times 5^{-\frac{1}{3}+\frac{4}{3}}=2^2\times 5=20$$

2) 정답 ③

[검토자 : 김가람T]

$f(x)=x^3+1$ 에서 $f'(x)=3x^2$ 이므로 점 $(1,\ 2)$에서의 접선의 기울기는 $f'(1)=3\cdot 1^2=3$

3) 정답 ③

[검토자 : 김가람T]

$\tan\theta>0$이고 $-\pi<\theta<0$에서 θ는 제3사분면각이다.

따라서 $\sin\theta=-\frac{4}{5}$, $\cos\theta=-\frac{3}{5}$

$$\sin\left(\frac{3}{2}\pi-\theta\right)=-\cos\theta=-\left(-\frac{3}{5}\right)=\frac{3}{5}$$

4) 정답 ③

[검토자 : 김가람T]

$x\to 1$ 일 때, (분모) $\to 0$ 이므로 (분자) $\to 0$ 이어야 한다.

$\therefore \lim_{x\to 1}(\sqrt{x+a}-3)=\sqrt{1+a}-3=0$

$\sqrt{1+a}=3,\ 1+a=9$

$\therefore a=8$

$$b=\lim_{x\to 1}\frac{\sqrt{x+8}-3}{x^2-3x+2}$$
$$=\lim_{x\to 1}\frac{(\sqrt{x+8}-3)(\sqrt{x+8}+3)}{(x^2-3x+2)(\sqrt{x+8}+3)}$$
$$=\lim_{x\to 1}\frac{x-1}{(x-1)(x-2)(\sqrt{x+8}+3)}$$
$$=\lim_{x\to 1}\frac{1}{(x-2)(\sqrt{x+8}+3)}=-\frac{1}{6}$$

$\therefore ab=8\times\left(-\frac{1}{6}\right)=-\frac{4}{3}$

5) 정답 ②

[검토자 : 김가람T]

모든 실수 x에서 $f(x)$가 연속이 되려면 모든 실수 x에 대하여 $x^2+6x+a\neq 0$이어야 하므로 이차방정식 $x^2+6x+a=0$의 판별식을 D라고 하면

$D=36-4a<0\quad \therefore\ a>9$

따라서 구하는 정수 a의 최솟값은 10이다.

6) 정답 ②

[검토자 : 김경민T]

$b^{\log_{\sqrt{5}}a}=81$에서 로그의 성질에 의해 $a^{\log_{\sqrt{5}}b}=81$ 이다.

$b=5^q$ 이므로 $a^{\log_{\sqrt{5}}5^q}=a^{2q}=81$ 이다.

$p=\log_3\sqrt{a}$ 에서 $3^p=a^{\frac{1}{2}}$이므로 양변에 $4q$제곱을 하면

$3^{4pq}=a^{2q}=81$이다.

따라서 $pq=1$이다.

p^2+q^2의 최솟값은 산술-기하 평균에 의해

$p^2+q^2\geq 2\sqrt{p^2q^2}=2pq=2$ 이므로

따라서 최솟값은 2이다.

7) 정답 ④

[검토자 : 김경민T]

$$\sin\left(x-\frac{5}{6}\pi\right)=\sin\left(2\pi+x-\frac{5}{6}\pi\right)=\sin\left(x+\frac{7}{6}\pi\right)$$

이므로

$$f(x)=\sin^2\left(x-\frac{5}{6}\pi\right)+a\cos\left(x+\frac{7}{6}\pi\right)$$
$$=\sin^2\left(x+\frac{7}{6}\pi\right)+a\cos\left(x+\frac{7}{6}\pi\right)$$
$$=1-\cos^2\left(x+\frac{7}{6}\pi\right)+a\cos\left(x+\frac{7}{6}\pi\right)$$

$\cos\left(x+\frac{7}{6}\pi\right)=X$라 하면 $-1\le X\le 1$이고

$$g(X)=-X^2+aX+1=-\left(X-\frac{a}{2}\right)^2+\frac{a^2}{4}+1$$

(i) $0<\frac{a}{2}\le 1$, 곧 $0<a\le 2$일 때,

함수 $g(X)$는 $X=\frac{a}{2}$일 때, 최댓값 $\frac{a^2}{4}+1$을 갖는다.

$\frac{a^2}{4}+1=4$에서 $a=2\sqrt{3}>2$이므로 조건을 만족시키지 않는다.

(ii) $\frac{a}{2}>1$, 곧 $a>2$일 때,

함수 $g(x)$는 $X=1$일 때 $g(1)=-1^2+a+1=a$으로 최댓값 a를 갖는다.

$\therefore\ a=4$

8) 정답 ①

[검토자 : 김경민T]

$$(2x+3)f(x)-2xg(x)=\int_0^x g(t)dt+x^2+3$$

의 양변에 $x=0$을 대입하면 $3f(0)=3$

$\therefore\ f(0)=1$

$$(2x+3)f(x)-2xg(x)=\int_0^x g(t)dt+x^2+3$$

을 x에 관하여 미분하면

$2f(x)+(2x+3)f'(x)-2g(x)-2xg'(x)=g(x)+2x$

이고 양변에 $x=0$을 대입하면

$2f(0)+3f'(0)-2g(0)=g(0)$

$f(0)=g(0)=1$이므로

$3f'(0)=1$

$\therefore\ f'(0)=\frac{1}{3}$

9) 정답 ②

[검토자 : 김상호T]

두 점 $(0,0)$, $(k,\log_3 8)$를 지나는 직선의 기울기는 $\frac{\log_3 8}{k}$이고

$f'(x)=2x$이므로 함수 $f(x)=x^2+2$위의 점 $(\log_2 9, f(\log_2 9))$에서의 접선의 기울기는 $2\log_2 9$이다.

두 직선이 수직이므로

$$\frac{\log_3 8}{k}\times 2\log_2 9=-1$$
$$\frac{3\log 2}{k\log 3}\times\frac{4\log 3}{\log 2}=-1$$
$$\frac{12}{k}=-1$$

$\therefore\ k=-12$

10) 정답 ⑤

[검토자 : 김수T]

점 P의 처음 위치가 b이고 $t=a$에서의 위치가 0이므로

$$b+\int_0^a(3t^2-at)dt=0$$
$$b+\left[t^3-\frac{a}{2}t^2\right]_0^a=0$$
$$b+a^3-\frac{a^3}{2}=0$$
$$b=-\frac{a^3}{2}\ (b<0)\ \cdots\cdots\ ㉠$$

$v(t)=0$일 때, $t=\frac{a}{3}$이고 $0<t<\frac{a}{3}$일 때, $v(t)<0$이므로 점 P가

출발 후 $t=\frac{a}{3}$일 때까지 음의 방향으로 움직인다.

처음 위치 b가 음수이므로 점 P의 위치의 최솟값은 $t=\frac{a}{3}$일 때다.

따라서

$$\int_0^{\frac{a}{3}}v(t)dt=\int_0^{\frac{a}{3}}(3t^2-at)dt=-\frac{3\left(\frac{a}{3}\right)^3}{6}=-\frac{a^3}{54}$$ 에서

$$b-\frac{a^3}{54}=-\frac{a^3}{2}-\frac{a^3}{54}=-\frac{14}{27}a^3$$

$-\frac{14}{27}a^3=-14$에서 $a=3$이다.

㉠에서 $b=-\frac{27}{2}$이다.

따라서 $a\times b=-\frac{81}{2}$이다.

11) 정답 ③

[검토자 : 김영식T]

$c_n = a_n - b_n$이라 하면 $|c_1| = 4$이고 자연수 k에 대하여 $c_k = 0$, $c_{k+1} > 0$이므로 수열 $\{c_n\}$은 공차가 양의 정수인 등차수열이다.

따라서 $c_1 = -4$이다.

$c_k = 0$이므로 수열 $\{c_n\}$의 가능한 공차 d의 값은 4, 2, 1이다.

(i) $d = 4$

	1	2	3
c_n	-4	0	4
a_n	a_1	a_2	a_3
b_n	a_1+4	a_2	a_3-4

따라서 $k=2$이고 $\sum_{n=1}^{2} a_n = 10$에서 $a_1 + a_2 = 10$이므로

$\sum_{n=1}^{2} b_n = 14$

(ii) $d = 2$

	1	2	3	4
c_n	-4	-2	0	2
a_n	a_1	a_2	a_3	a_4
b_n	a_1+4	a_2+2	a_3	a_4-2

따라서 $k=3$이고 $\sum_{n=1}^{3} a_n = 10$에서 $a_1 + a_2 + a_3 = 10$이므로

$\sum_{n=1}^{3} b_n = 16$

(iii) $d = 1$

	1	2	3	4	5	6
c_n	-4	-3	-2	-1	0	1
a_n	a_1	a_2	a_3	a_4	a_5	a_6
b_n	a_1+4	a_2+3	a_3+2	a_4+1	a_5	a_6-1

따라서 $k=5$이고 $\sum_{n=1}^{5} a_n = 10$에서

$a_1 + a_2 + a_3 + a_4 + a_5 = 10$이므로 $\sum_{n=1}^{5} b_n = 20$

(i), (ii), (iii)에서

$\sum_{n=1}^{k} b_n$의 최솟값은 14, 최댓값은 20이므로 합은 34이다.

12) 정답 ⑤

[그림 : 이정배T]

[검토자 : 김종렬T]

$$f(x) = \begin{cases} -x(x-a) & (x < a) \\ (x-a)(x+a-1) & (x \geq a) \end{cases}$$

$0 < a < \frac{1}{2}$이므로 $a < 1-a$이다.

따라서 함수 $f(x)$의 그래프는 다음과 같다.

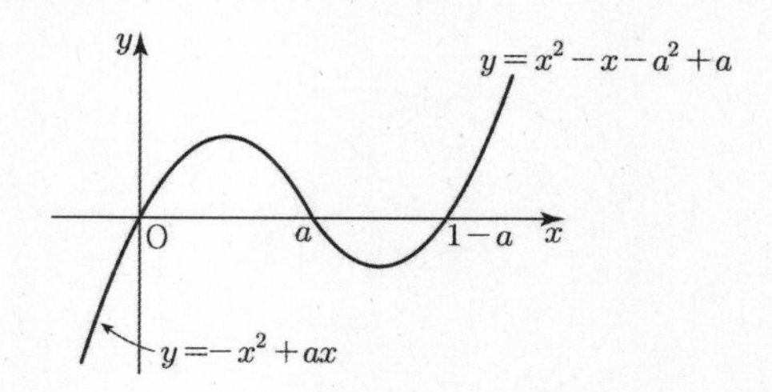

$g(x) = \int_0^x f(t)dt$에서 $g(0) = 0$이고 $g'(x) = f(x)$이므로 함수 $g(x)$는 $x=0$에서 극솟값 0을 갖고 $x=a$에서 극댓값, $x=1-a$에서 극솟값을 갖는다.

따라서 함수 $g(x)$의 최솟값이 0이기 위해서는 $x=1-a$에서의 극솟값이 0이상이어야 한다.

$\int_0^a f(x)dx \geq \int_a^{1-a} \{-f(x)\}dx$

$\frac{a^3}{6} \geq \frac{\{(1-a)-a\}^3}{6}$

$a^3 \geq (1-2a)^3$

$a \geq 1-2a$

$3a \geq 1$

$\frac{1}{3} \leq a < \frac{1}{2}$

따라서 a의 최솟값은 $\frac{1}{3}$이다.

13) 정답 ③

[그림 : 배용제T]

[검토자 : 김진성T]

삼각형 ABC에 사인법칙을 적용하면

$\frac{\overline{AC}}{\sin\frac{\pi}{3}} = 2 \times \overline{AO} \rightarrow 5\sqrt{3} \times \frac{2}{\sqrt{3}} = 2 \times \overline{AO}$

$\therefore \overline{AO} = 5$

한편 중심이 O′인 원의 넓이가 $\frac{64}{3}\pi$이므로 반지름의 길이는

$\frac{8}{\sqrt{3}} = \frac{8\sqrt{3}}{3}$이다.

$\therefore \overline{AO'} = \frac{8\sqrt{3}}{3}$

삼각형 ABD에서 사인법칙을 적용하면

$$\frac{\overline{AD}}{\sin\frac{\pi}{3}}=2\times\frac{8\sqrt{3}}{3}$$

$\therefore\ \overline{AD}=8$

따라서 $\overline{OD}=3$이다.

삼각형 O′AD는 $\overline{AO'}=\overline{DO'}=\frac{8\sqrt{3}}{3}$ 인 이등변삼각형이다.

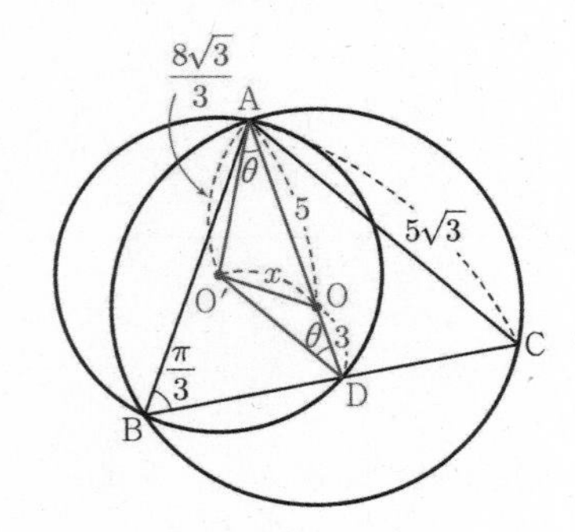

$\angle O'AD=\angle O'DA=\theta$, $\overline{O'O}=x$라 하고 코사인법칙을 적용하면

$$\cos\theta=\frac{\left(\frac{8\sqrt{3}}{3}\right)^2+3^2-x^2}{2\times\frac{8\sqrt{3}}{3}\times 3}=\frac{\left(\frac{8\sqrt{3}}{3}\right)^2+5^2-x^2}{2\times\frac{8\sqrt{3}}{3}\times 5}\ \cdots\cdots\ ㉠$$

$$\frac{\frac{64}{3}+9-x^2}{3}=\frac{\frac{64}{3}+25-x^2}{5}$$

$$5\times\frac{91}{3}-5x^2=3\times\frac{139}{3}-3x^2$$

$$\frac{455-417}{3}=2x^2$$

$$x^2=\frac{19}{3}$$

㉠에서 $\cos\theta=\dfrac{\frac{64}{3}+9-\frac{19}{3}}{16\sqrt{3}}=\dfrac{24\sqrt{3}}{48}=\dfrac{\sqrt{3}}{2}$

$\therefore\ \sin\theta=\frac{1}{2}$

삼각형 AOO′의 외접원의 반지름의 길이를 R라 하고
사인법칙을 적용하면

$$\sqrt{\frac{19}{3}}\times 2=2R$$

$\therefore\ R=\sqrt{\frac{19}{3}}$

따라서 삼각형 AOO′의 외접원의 넓이는 $\frac{19}{3}\pi$이다.

14) 정답 ④

[그림 : 이호진T]

[검토자 : 백상민T]

(가)에서 최고차항의 계수가 1인 사차함수 $f(x)$의 그래프는 $(0, 0)$, $(a, 0)$을 지난다.

(나)에서 $f(k)$, $g(k)$는 실수이고 실수의 제곱이 합이 0이기 위해서는 각각의 값이 0이어야 한다.

따라서 $f(k)=g(k)=0$이다.

사차함수 $f(x)$는 $(k, 0)$에서 그은 접선의 y절편이 0이므로 접선이 x축이다.

$f'(0)=8>0$이므로 함수 $f(x)$의 그래프 개형은 다음과 같다.

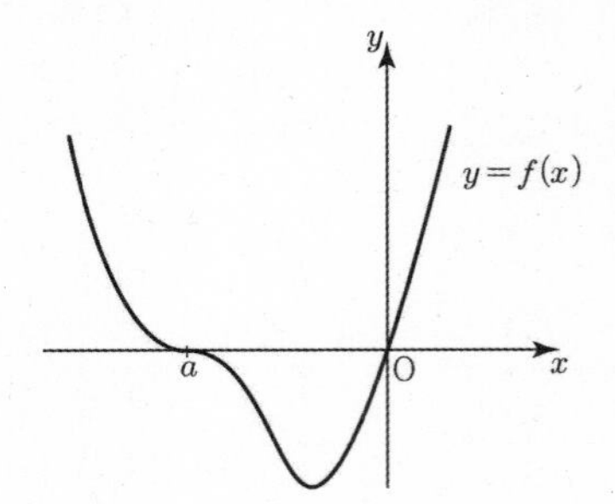

따라서 $f(x)=x(x-a)^3\ (a<0)$

$f'(x)=(x-a)^3+3x(x-a)^2$

$f'(0)=-a^3=8$

$\therefore\ a=-2$

그러므로 $f(x)=x(x+2)^3$이다.

$f(2a)=f(-4)=32$이다.

15) 정답 ③

[검토자 : 황보성호T]

$a_5=24$이므로

준식에 $n=4$를 대입하면

$$24=\begin{cases}2a_4 & (a_4>4)\\ 9+2a_4 & (a_4\le 4)\end{cases}=\begin{cases}12 & (12>4 \Rightarrow O)\\ \frac{15}{2} & \left(\frac{15}{2}\le 4 \Rightarrow X\right)\end{cases}$$

$\therefore\ a_4=12$

같은 방법으로

a_1	a_2	a_3	a_4
$\frac{3}{2}$			
	3 $(3>2)$		
$\frac{3}{2}$, $2a_1=3$ $\left(\frac{3}{2}\le 1\right)(X)$			
		6 $(6>3)$	
$\frac{3}{4}$, $\left(\frac{3}{4}>1\right)$ (X)			
	$\frac{3}{2}$, $3+2a_2=6$ $\left(\frac{3}{2}\le 2\right)$		
$\frac{3}{4}$, $2a_1=\frac{3}{2}$ $\left(\frac{3}{4}\le 1\right)$			
			12
	$\frac{3}{2}$, $\left(\frac{3}{2}>2\right)$ (X)		
		3, $6+2a_3=12$ $(3\le 3)$	
0 (X)			
	0, $3+2a_2=3$ $(0\le 2)$		
0, $2a_2=0$			

따라서 모든 a_1의 합은 $\frac{3}{2}+\frac{3}{4}+0=\frac{9}{4}$이다.

$S=\frac{9}{4}$, $m=3$이므로 $S+m=\frac{21}{4}$

16) 정답 20

[검토자 : 강동희T]

$$\sum_{k=1}^{20}(3a_k-2b_k)=\sum_{k=1}^{20}3a_k-\sum_{k=1}^{20}2b_k$$
$$=3\sum_{k=1}^{20}a_k-2\sum_{k=1}^{20}b_k$$
$$=3\times10-2\times5$$
$$=20$$

17) 정답 16

[검토자 : 강동희T]

$y=x^3+3x^2+4x$ 에서 $y'=3x^2+6x+4$ 이므로

$3x^2+6x+4=4$, $3x(x+2)=0$

$\therefore\ x=0$ 또는 $x=-2$

$x=0$이면 주어진 조건을 만족시키지 않으므로

$a=-2$, $b=-4$이다.

$\therefore\ 2ab=16$

18) 정답 6

[검토자 : 강동희T]

$x+\frac{\pi}{3}=t$라 두면 $0\le t\le\pi$

$f(t)=k\cos t+2$에서

(i) $k>0$일 때, $t=\pi$에서 최솟값 -4을 가지므로

$-|k|+2=-k+2=-4$에서 $k=6$이다.

$\alpha+\frac{\pi}{3}=\pi$에서 $\alpha=\frac{2}{3}\pi$

따라서 $k\times\alpha=4\pi$

(ii) $k<0$일 때, $t=0$에서 최솟값 -4을 가지므로

$-|k|+2=k+2=-4$에서 $k=-6$이다.

$\alpha+\frac{\pi}{3}=0$에서 $\alpha=-\frac{\pi}{3}$

따라서 $k\times\alpha=2\pi$

(i), (ii)에서 $M=4\pi$, $m=2\pi$

$\therefore\ \frac{M+m}{\pi}=6$

19) 정답 1

[검토자 : 강동희T]

$g(1)=0$에서

$f(1)+4+\int_1^1 f(t)dt=f(1)+4+0=0$이므로

$f(1)=-4$

$g(x)=xf(x)+4x^3+x\int_1^x f(t)dt$의 양변을 x에 대하여 미분하면

$g'(x)=f(x)+xf'(x)+12x^2+\int_1^x f(t)dt+xf(x)$

이므로 $g'(1)=0$에서

$f(1)+f'(1)+12+0+f(1)=0$

$f'(1)+4=0$

$\therefore\ f'(1)=-4$

그러므로 $\dfrac{f'(1)}{f(1)}=1$

20) 정답 96

[검토자 : 이지훈T]

$xg(x)=(x^2-2)f(x)-2x^4+x^2+x$

의 양변에 $x=1$을 대입하면

$g(1)=-f(1)$에서 $f(1)+g(1)=0$이다.

$\lim_{x\to1}\dfrac{f(x)+g(x)}{f(x-1)}$의 값이 0이 아닌 값으로 수렴하기 위해서는

$x\to1$일 때, (분자)$\to0$이므로 (분모)$\to0$이다.

따라서 $f(0)=0$이다. …… ㉠

$\lim_{x\to\infty}\dfrac{g(x)}{x^4}=0$이므로 $g(x)$는 삼차 이하의 다항식이고

$\lim_{x\to\infty}\dfrac{\{f(x)\}^2}{x^2g(x)}$의 값이 0이 아닌 값으로 수렴하기 위해서는

두 다항함수 $f(x)$와 $g(x)$는 모두 이차함수이다.

따라서 $f(x)=2x^2+ax$ ($\because$ ㉠)라 하면

$$\begin{aligned}xg(x)&=(x^2-2)(2x^2+ax)-2x^4+x^2+x\\&=2x^4+ax^3-4x^2-2ax-2x^4+x^2+x\\&=ax^3-3x^2+(-2a+1)x\end{aligned}$$

$\therefore\ g(x)=ax^2-3x-2a+1$

$$\begin{aligned}f(x)+g(x)&=(2+a)x^2+(a-3)x-2a+1\\&=(x-1)\{(2+a)x+2a-1\}\end{aligned}$$

$f(x-1)=(x-1)(2x-2+a)$

이므로

$\lim_{x\to1}\dfrac{f(x)+g(x)}{f(x-1)}=\dfrac{3a+1}{a}$

$\lim_{x\to\infty}\dfrac{\{f(x)\}^2}{x^2g(x)}=\lim_{x\to\infty}\dfrac{4x^4+\cdots}{ax^4+\cdots}=\dfrac{4}{a}$

$\lim_{x\to1}\dfrac{f(x)+g(x)}{f(x-1)}\times\lim_{x\to\infty}\dfrac{\{f(x)\}^2}{x^2g(x)}=\dfrac{12a+4}{a^2}=7$

$7a^2-12a-4=0$

$(a-2)(7a+2)=0$

$a=2$ 또는 $a=-\dfrac{2}{7}$

$f(x)=2x^2+2x$ 또는 $f(x)=2x^2-\dfrac{2}{7}x$이다.

따라서 $f(7)=112$, $f(7)=96$이므로 $f(7)$의 최솟값은 96이다.

21) 정답 3

[검토자 : 조남웅T]

두 곡선 $y=\log_8(-x)-k=\dfrac{\log_2(-x)}{3}-k$, $y=\dfrac{\log_2(x+8)}{3}-k$의

그래프는 그림과 같다.

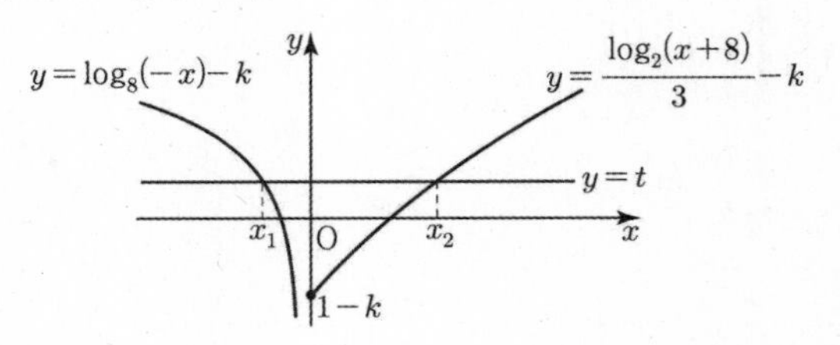

① 방정식 $\dfrac{\log_2(-x)}{3}-k=t$의 실근 x_1을 구해 보자.

$\log_2(-x)=3(k+t)$

$-x=2^{3(k+t)}$

$\therefore\ x_1=-8^{(k+t)}$

② 방정식 $\dfrac{\log_2(x+8)}{3}-k=t$의 실근 x_2를 구해 보자.

$\log_2(x+8)=3(k+t)$

$x+8=2^{3(k+t)}$

$\therefore\ x_2=-8+8^{k+t}$

①, ②의 두 방정식의 실근의 합은 t의 값에 관계없이

$x_1+x_2=-8$로 일정하다.

이때 함수 $f(x)$의 그래프는 다음과 같다.

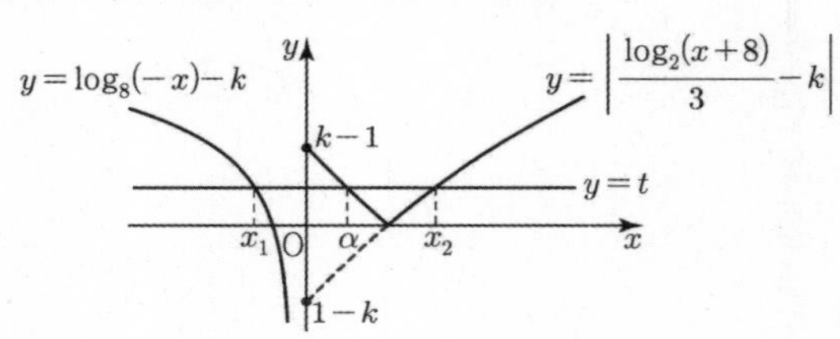

따라서 $t<k-1$이면 방정식 $g(x)=t$의 모든 실근의 합은

$x_1+\alpha+x_2=-8+\alpha$ $(\alpha>0)$로 $g(t)>-8$이다.

따라서

$g(t)<-8$인 t의 값은 존재하지 않고 $g(t)=-8$을 만족시키기 위해서는

$y=\left|\dfrac{\log_2(x+8)}{3}-k\right|$와 $y=t$는 만나지 않거나 $x=0$에서만 만나야 한다.

부등식 $g(t)=-8$을 만족시키는 t의 최솟값이 3이므로

$k-1=3$이다.

$\therefore\ k=4$

따라서 $f(x)=\begin{cases}\log_8(-x)-4 & (x<0)\\ \left|\dfrac{\log_2(x+8)}{3}-4\right| & (x\ge0)\end{cases}$에서

$f(-2k)=f(-8)=1-4=-3$

그러므로 $|f(-2k)|=3$이다.

22) 정답 9

[그림 : 도정영T]

[검토자 : 안형진T]

$h(x)=x^3-3x^2+4$라 하자.

$h'(x)=3x^2-6x=3x(x-2)$에서

방정식 $h'(x)=0$의 해가 $x=0$, $x=2$이므로 곡선 $h(x)=x^3-3x^2+4$는 $x=0$에서 극댓값 4, $x=2$에서 극솟값 0을 갖는다.

따라서 함수 $f(x)$에 따른 닫힌구간 $[t, t+2]$에서의 함수 $f(x)$의 최솟값을 $g(t)$의 그래프는 $\alpha<0$, $h(\alpha)=h(\alpha+2)$을 만족시키는 α에 대하여 다음 그림과 같다.

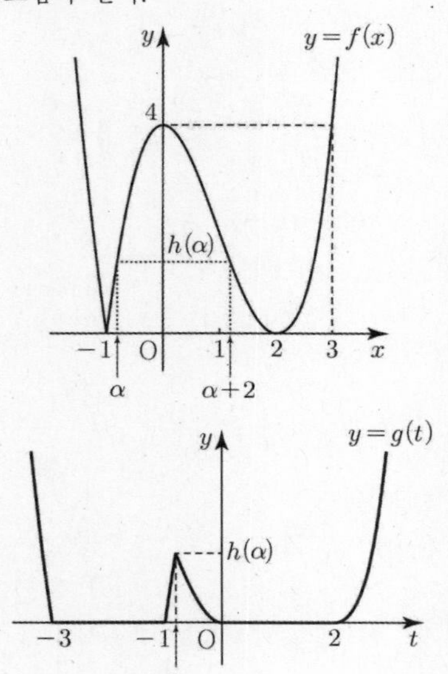

$h(\alpha)=\alpha^3-3\alpha^2+4$

$h(\alpha+2)=(\alpha+2)^3-3(\alpha+2)^2+4=\alpha^3+3\alpha^2$

$\alpha^3-3\alpha^2+4=\alpha^3+3\alpha^2$

$\alpha^2=\frac{2}{3}$

$\alpha=-\frac{\sqrt{6}}{3}$ $(\because \alpha<0)$

$h\left(-\frac{\sqrt{6}}{3}\right)=-\frac{2\sqrt{6}}{9}-2+4=2-\frac{2}{9}\sqrt{6}$

따라서 함수 $g(t)$의 극댓값은 0, $2-\frac{2}{9}\sqrt{6}$이고 극댓값의 최댓값은 $2-\frac{2}{9}\sqrt{6}$이다.

$p=2$, $q=-\frac{2}{9}$

$\left|\frac{p}{q}\right|=\left|2\times\left(-\frac{9}{2}\right)\right|=9$

확률과통계

[출제자 : 황보백T]

23) 정답 ①

[검토자 : 장선정T]

$\mathrm{V}(X)=\mathrm{E}(X^2)-\{\mathrm{E}(X)\}^2$에서

$\mathrm{E}(X^2)=\mathrm{V}(X)+\{\mathrm{E}(X)\}^2=9+16=25$

24) 정답 ④

[검토자 : 장선정T]

$\mathrm{P}(A\cap B)=\frac{1}{8}$, $\mathrm{P}(A\cap B^C)=\frac{1}{2}$이므로 $\mathrm{P}(A)=\frac{1}{8}+\frac{1}{2}=\frac{5}{8}$

$\mathrm{P}(B|A)=\frac{\mathrm{P}(A\cap B)}{\mathrm{P}(A)}=\frac{\frac{1}{8}}{\frac{5}{8}}=\frac{1}{5}$

25) 정답 ①

[검토자 : 장선정T]

${}_4\mathrm{H}_4={}_7\mathrm{C}_4=35$

26) 정답 ④

[검토자 : 장선정T]

$\overline{X}$는 $\mathrm{N}\left(10, \left(\frac{3}{5}\right)^2\right)$를 따른다.

$\mathrm{P}(\overline{X}\geq k)=0.0228=\mathrm{P}(Z\geq 2)$

$\frac{k-10}{\frac{3}{5}}=2 \Rightarrow \therefore\ k=10+\frac{6}{5}=11.2$

27) 정답 ③

[검토자 : 장선정T]

주어진 조건을 표로 나타내면 다음과 같다.

	남학생	여학생	계
미적분	13		
기하		8	
계	19	17	

이제 위의 표를 완성하면 다음과 같다.

	남학생	여학생	계
미적분	13	9	22
기하	6	8	14
계	19	17	36

이 학급에서 선택된 한 학생이 미적분 수업을 받을 사건을 A, 여학생일 사건을 B라 하면 구하는 확률은

$\mathrm{P}(B|A)=\frac{n(A\cap B)}{n(A)}=\frac{9}{22}$

28) **정답** ①

[출제자 : 이소영T]

[검토자 : 장세완T]

1과 7사이의 세 수 a, b, c(단, $a \le b \le c$)가 $a+2 \le b \le c$를 만족해야한다.

(i) $b=c$인 경우라면 a와 b사이에는 최소 1개의 수가 들어가야 조건을 만족한다.

$\vee\ a\ \vee\ \bullet\ b\ \vee$

∨한 곳에 ●모양 4개를 더 넣는다고 생각하자. 예를들어 앞에서부터 첫 번째 ∨에 3개, 두 번째 ∨에 0개, 세 번째 ∨에 1개를 넣으면 아래와 같다.

$\bullet\ \bullet\ \bullet\ a\ \ \bullet\ b\ \bullet$

이는 앞에서부터 1, 2, 3, ⋯ 번호를 붙이면 $a=4$, $b=c=6$을 의미한다.

따라서 ${}_3\mathrm{H}_4 = {}_6\mathrm{C}_4 = 15$

(ii) $b<c$인 경우라면

$\vee\ a\ \vee\ \bullet\ b\ \vee\ c\ \vee$

∨한 곳에 ●모양 3개를 더 넣는다고 생각하자. 예를 들어 앞에서부터 첫 번째 ∨에 1개, 두 번째 ∨에 0개, 세 번째 ∨에 2개, 네 번째 ∨에 0개를 넣으면 아래와 같다.

$\bullet\ a\ \ \bullet\ b\ \bullet\ \bullet\ c$

이는 앞에서부터 1, 2, 3, ⋯ 번호를 붙이면 $a=2$, $b=4$, $c=7$을 의미한다.

따라서 ${}_4\mathrm{H}_3 = {}_6\mathrm{C}_3 = 20$

조건을 만족하는 경우의 수는 $15+20=35$이다.

$a+2 \le b \le c$을 만족하면서 $a+b+c \le 12$를 만족하는 경우를 생각해보자.

$c=7$이라면 $a+b \le 5$이고, $b \le 7$이므로 $(a,b)=(1,3)$, $(1,4)$이다.

$c=6$이라면 $a+b \le 6$이고, $b \le 6$이므로 $(a,b)=(1,3)$, $(1,4)$, $(1,5)$, $(2,4)$이다.

$c=5$라면 $a+b \le 7$이고, $b \le 5$이므로 $(a,b)=(1,3)$, $(1,4)$, $(1,5)$, $(2,4)$, $(2,5)$이다.

$c=4$라면 $a+b \le 8$이고, $b \le 4$이므로 $(a,b)=(1,3)$, $(1,4)$, $(2,4)$이다.

$c=3$이라면 $a+b \le 9$이고, $b \le 3$이므로 $(a,b)=(1,3)$이다.

따라서 $a+2 \le b \le c$를 만족할 때, 각 자리 숫자의 합이 12 이하가 될 확률은 $\frac{15}{35}=\frac{3}{7}$이다.

29) **정답** 40

[출제자 : 황보성호T]

[검토자 : 정일권T]

조건 (가)에서 $\mathrm{P}(a \le X \le a+5)$가 최댓값을 갖도록 하는 자연수 a가 하나인 경우 $a=15$이고, 이때 $m=17$이면

$\mathrm{P}(15 \le X \le 20)=\mathrm{P}(14 \le X \le 19)$

$m=18$이면 $\mathrm{P}(15 \le X \le 20)=\mathrm{P}(16 \le X \le 21)$이므로 또 다른 a가 존재하여 모순이다.

따라서 a는 연속된 두 자연수이어야 하므로 7, 8이다.

또한 $\mathrm{P}(7 \le X \le 12)=\mathrm{P}(8 \le X \le 13)$을 만족시켜야 하므로 $m-7=13-m$에서 $m=10$이다.

한편 조건 (나)에 의하여

$$\mathrm{P}(X \ge 15)+\mathrm{P}(Y \ge 10)=\mathrm{P}\left(Z \ge \frac{15-10}{2}\right)+\mathrm{P}\left(Z \ge \frac{10-20}{\sigma}\right)$$
$$=\mathrm{P}\left(Z \ge \frac{5}{2}\right)+\mathrm{P}\left(Z \ge -\frac{10}{\sigma}\right)=1$$

$\frac{5}{2}-\frac{10}{\sigma}=0$이므로 $\sigma=4$이다.

$\therefore m \times \sigma = 40$

30) **정답** 36

[출제자 : 이호진T]

[검토자 : 정찬도T]

1) $a=1$, $b=3$인 경우 ($f(1)=3$, $f(3)=1$인 경우)
   $f(2)$의 선택은 3가지, $f(4)$, $f(5)$는 ${}_4\mathrm{C}_2=6$가지 이므로 18가지 ……①
2) $a=2$, $b=4$인 경우 ($f(2)=4$, $f(4)=2$인 경우)
   $f(1)$의 선택은 4가지, $f(3)$의 선택은 1가지, $f(5)$의 선택은 3가지 이므로 12가지……②
3) $f(1)=3$, $f(3)=1$이고 $f(2)=4$, $f(4)=2$인 경우
   $f(5)$의 선택은 3가지……③
4) $a=2$, $b=3$인 경우 ($f(2)=3$, $f(3)=2$인 경우)
   $f(1)$의 선택은 3가지, $f(3)$의 선택은 1가지,
   $f(4)$, $f(5)$는 ${}_3\mathrm{C}_2=3$가지 이므로 9가지……④

그러므로 가능한 총 가짓수는 ① + ② − ③ + ④ 이므로 36가지다.

미적분

[출제자 : 황보백T]

23) 정답 ③

[검토자 : 최수영T]

주어진 식의 분모, 분자를 각각 x로 나누면

$$\lim_{x\to 0}\frac{\sin 5x-\sin 3x}{\sin x}=\lim_{x\to 0}\frac{\frac{\sin 5x}{5x}\cdot 5-\frac{\sin 3x}{3x}\cdot 3}{\frac{\sin x}{x}}$$

$$=\frac{5-3}{1}=2$$

24) 정답 ②

[검토자 : 최수영T]

$f(x)=\int \sin x dx=-\cos x+C$ (C는 적분상수)

$\therefore\ f(\pi)-f(0)=-\cos\pi+\cos 0=2$

25) 정답 ②

[검토자 : 최수영T]

수열 $\{a_n\}$이 등비수열이므로 $a_n=a_1r^{n-1}$이라 하면 조건 (가)에서

$$\lim_{n\to\infty}\frac{a_n}{\left(\frac{1}{4}\right)^n+\left(\frac{1}{2}\right)^n}=\lim_{n\to\infty}\frac{a_1r^{n-1}}{\left(\frac{1}{4}\right)^n+\left(\frac{1}{2}\right)^n}=\lim_{n\to\infty}\frac{\frac{a_1}{r}\times(2r)^n}{\left(\frac{1}{2}\right)^n+1}$$

이 값이 0이 아닌 값을 가지려면 $2r=1$, $r=\frac{1}{2}$

즉, $a_n=a_1\times\left(\frac{1}{2}\right)^{n-1}$

조건 (나)에서

$$\sum_{n=1}^{\infty}(a_n+a_{n+1})=\sum_{n=1}^{\infty}\left\{a_1\times\left(\frac{1}{2}\right)^{n-1}+a_1\times\left(\frac{1}{2}\right)^n\right\}$$

$$=\frac{a_1}{1-\frac{1}{2}}+\frac{a_1\times\frac{1}{2}}{1-\frac{1}{2}}$$

$$=3a_1=3$$

따라서 $a_1=1$

그러므로 $a_2=\frac{1}{2}$이다.

26) 정답 ①

[검토자 : 최현정T]

x축에 수직인 평면으로 자른 단면이 정사각형이므로 x축에 수직인 평면으로 자른 단면의 넓이를 $S(x)$라 하면

$$S(x)=\{f(x)\}^2=(x^4+x^2)^{\frac{1}{2}}=x(x^2+1)^{\frac{1}{2}}\ (x\ge 0)$$

이다.

따라서 구하는 부피 V는

$$V=\int_0^{\sqrt{3}}S(x)\,dx=\int_0^{\sqrt{3}}x(x^2+1)^{\frac{1}{2}}\,dx$$

이다.

이때, $x^2+1=t$라 하면 $\frac{dt}{dx}=2x$이고,

$x=0$일 때 $t=1$, $x=\sqrt{3}$일 때 $t=4$이므로

$$V=\int_1^4\frac{1}{2}t^{\frac{1}{2}}dt=\left[\frac{1}{3}x^{\frac{3}{2}}\right]_1^4=\frac{7}{3}$$

이다.

27) 정답 ②

[검토자 : 최현정T]

직선 $y=2$가 y축과 만나는 점을 A, 직선 $y=-1$이 y축과 만나는 점을 B라고 할 때,

$\angle\mathrm{POA}=\alpha$, $\angle\mathrm{QOB}=\beta$라 하자.

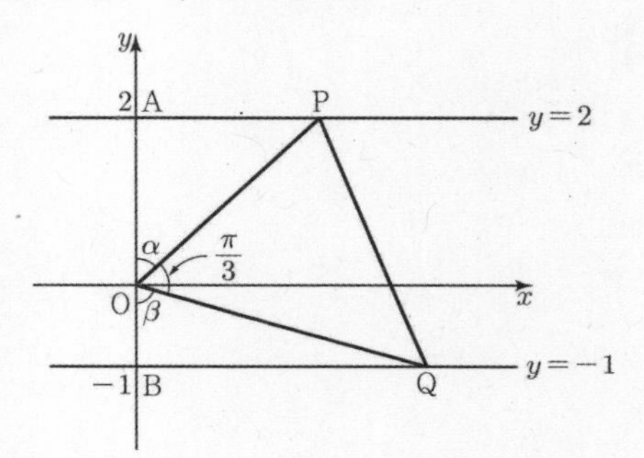

$\alpha+\beta=\frac{2}{3}\pi\left(\frac{\pi}{6}<\alpha<\frac{\pi}{2}\right)$이고 삼각형 OPQ의 넓이 S는

사다리꼴 ABQP에서

두 삼각형 OAP와 OBQ의 넓이를 빼면 된다.

$\overline{\mathrm{AP}}=2\tan\alpha$, $\overline{\mathrm{BQ}}=\tan\beta$이므로

$$S=\frac{1}{2}\times 3\times(2\tan\alpha+\tan\beta)-\frac{1}{2}\times 2\times 2\tan\alpha-\frac{1}{2}\times 1\times\tan\beta$$

$=\tan\alpha+\tan\beta$ 이다.

$$\tan(\alpha+\beta)=\tan\frac{2\pi}{3}=-\sqrt{3}=\frac{\tan\alpha+\tan\beta}{1-\tan\alpha\tan\beta},$$

$$\tan\alpha+\tan\beta=\sqrt{3}\tan\alpha\tan\beta-\sqrt{3}$$

$\tan\alpha>0$, $\tan\beta>0$이므로 $\tan\alpha+\tan\beta\ge 2\sqrt{\tan\alpha\tan\beta}$이 성립한다.

$$\tan\alpha+\tan\beta=\sqrt{3}\tan\alpha\tan\beta-\sqrt{3}\ge 2\sqrt{\tan\alpha\tan\beta}$$

$S=\tan\alpha+\tan\beta=\sqrt{3}(\tan\alpha\tan\beta-1)\ge 2\sqrt{3}$ 이므로

삼각형 OPQ의 넓이의 최솟값은

$2\sqrt{3}$이다. 이때 $\tan\alpha$의 값을 구하면

$$S=\tan\alpha+\tan\beta=\tan\alpha+\tan\left(\frac{2\pi}{3}-\alpha\right)$$

$$=\tan\alpha+\frac{\tan\alpha+\sqrt{3}}{\sqrt{3}\tan\alpha-1}=2\sqrt{3}$$

$$\sqrt{3}(\tan\alpha-\sqrt{3})^2=0,$$

$\therefore\ \tan\alpha = \sqrt{3}$, $\alpha = \frac{\pi}{3}$, $\beta = \frac{\pi}{3}$

$\mathrm{P}(2\tan\alpha, 2)$, $\mathrm{Q}(\tan\beta, -1)$이므로 선분 PQ의 길이는 $2\sqrt{3}$이다.

28) 정답 ①

[그림 : 도정영T]

[검토자 : 최혜권T]

두 함수 $f(x) = \sin 2x$, $g(x) = \frac{a}{\sin x}$ $(a>0)$의 그래프가 $x=b$에서 접하기 때문에

$f(b) = g(b)$, $f'(b) = g'(b)$이다.

$\sin 2b = \frac{a}{\sin b}$에서 $a = \sin b \sin 2b$이다. …… ㉠

$f'(x) = 2\cos 2x$, $g'(x) = -\frac{a\cos x}{\sin^2 x}$에서

$2\cos 2b = -\frac{a\cos b}{\sin^2 b}$이다. …… ㉡

㉠, ㉡에서

$2\cos 2b = -\frac{\sin b \sin 2b \cos b}{\sin^2 b}$

$2\cos 2b = -\frac{\sin b(2\sin b\cos b)\cos b}{\sin^2 b}$

$\cos 2b = -\cos^2 b$

$2\cos^2 b - 1 = -\cos^2 b$

$\cos^2 b = \frac{1}{3}$

$\cos b = \frac{\sqrt{3}}{3}$ 또는 $\cos b = -\frac{\sqrt{3}}{3}$

㉠에서 $a = \sin b(2\sin b\cos b) = 2\sin^2 b\cos b$

$a > 0$이므로 $\cos b > 0$이다.

따라서 $\cos b = \frac{\sqrt{3}}{3}$이고 $\sin b = \frac{\sqrt{6}}{3}$

$\therefore\ a = 2\times\frac{2}{3}\times\frac{\sqrt{3}}{3} = \frac{4}{9}\sqrt{3}$

그러므로 $g(x) = \frac{4\sqrt{3}}{9\sin x}$이다.

그림과 같이 $y=g(x)$와 $y=f(b)$가 만나는 B가 아닌 점 C는 $y=g(x)$가 $x=\frac{\pi}{2}$에 대칭이므로 $c=\pi-b$이다.

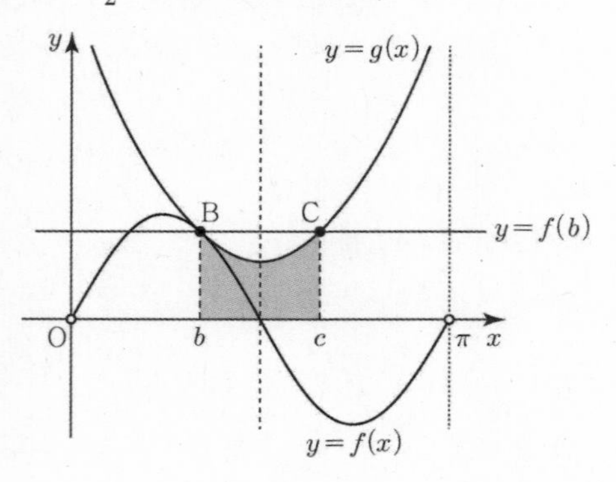

따라서

곡선 $y=g(x)$와 두 직선 $x=b$, $x=c$ 및 x축으로 둘러싸인 부분의 넓이는 다음과 같다.

$$\int_b^c \frac{4\sqrt{3}}{9\sin x}dx$$

$$= \frac{4\sqrt{3}}{9}\int_b^{\pi-b}\frac{1}{\sin x}dx$$

$$= \frac{4\sqrt{3}}{9}\int_b^{\pi-b}\csc x\,dx$$

$$= \frac{4\sqrt{3}}{9}\Big[-\ln|\csc x + \cot x|\Big]_b^{\pi-b}$$

$$= \frac{4\sqrt{3}}{9}\left[-\ln\left|\frac{1+\cos x}{\sin x}\right|\right]_b^{\pi-b}$$

$$= -\frac{4\sqrt{3}}{9}\left\{\ln\left|\frac{1+\cos(\pi-b)}{\sin(\pi-b)}\right| - \ln\left|\frac{1+\cos b}{\sin b}\right|\right\}$$

$$= -\frac{4\sqrt{3}}{9}\left\{\ln\left|\frac{1-\cos b}{\sin b}\right| - \ln\left|\frac{1+\cos b}{\sin b}\right|\right\}$$

$$= -\frac{4\sqrt{3}}{9}\ln\left|\frac{1-\cos b}{1+\cos b}\right|$$

$$= -\frac{4\sqrt{3}}{9}\ln\left|\frac{1-\frac{\sqrt{3}}{3}}{1+\frac{\sqrt{3}}{3}}\right|$$

$$= -\frac{4\sqrt{3}}{9}\ln\left|\frac{3-\sqrt{3}}{3+\sqrt{3}}\right|$$

$$= \frac{4\sqrt{3}}{9}\ln\left|\frac{3+\sqrt{3}}{3-\sqrt{3}}\right|$$

$$= \frac{4\sqrt{3}}{9}\ln(2+\sqrt{3})$$

[다른 풀이] - 대칭성을 이용한 풀이

$$\frac{4\sqrt{3}}{9}\int_b^{\pi-b}\csc x\,dx$$

$$= 2\times\frac{4\sqrt{3}}{9}\int_b^{\frac{\pi}{2}}\csc x\,dx$$

$$= \frac{8\sqrt{3}}{9}\Big[-\ln|\csc x + \cot x|\Big]_b^{\frac{\pi}{2}}$$

$$= \frac{8\sqrt{3}}{9}\left[-\ln\left|\frac{1+\cos x}{\sin x}\right|\right]_b^{\frac{\pi}{2}}$$

$$= \frac{4\sqrt{3}}{9}\ln(2+\sqrt{3})$$

29) **정답** 15
[출제자 : 황보성호T]
[검토자 : 한정아T]

급수 $\sum_{n=1}^{\infty}\frac{k(x-1)^{k-2}}{x^{n+k}}$ 은

첫째항이 $\frac{k(x-1)^{k-2}}{x^{k+1}}$ 이고, 공비가 $\frac{1}{x}$ 인 등비급수이다.

정의역에서 $x \geq 1$이므로 $0 < \frac{1}{x} \leq 1$이다.

(i) $\frac{1}{x}=1$인 경우(즉, $x=1$)

$f(1)=0$

(ii) $0<\frac{1}{x}<1$인 경우(즉, $x>1$)

$$f(x)=\frac{\frac{k(x-1)^{k-2}}{x^{k+1}}}{1-\frac{1}{x}}=\frac{\frac{k(x-1)^{k-2}}{x^{k+1}}}{\frac{x-1}{x}}=\frac{k(x-1)^{k-3}}{x^k}$$

따라서 함수 $f(x)=\begin{cases}0 & (x=1)\\ \frac{k(x-1)^{k-3}}{x^k} & (x>1)\end{cases}$

이므로 함수 $f(x)$는 $x>1$인 모든 실수의 집합에서 연속이다.
즉, $t \neq 1$인 모든 실수 t에 대하여 $\lim_{x\to t+}f(x)=f(t)$이므로

$\lim_{x\to a+}f(x)-f(a)>0$에서 $a=1$
이때

$k>3$이면 $\lim_{x\to 1+}f(x)=\lim_{x\to 1+}\frac{k(x-1)^{k-3}}{x^k}=\frac{k\times 0}{1}=0$
이므로 조건을 만족시키지 않는다.

$k=3$이면 $\lim_{x\to 1+}f(x)=\lim_{x\to 1+}\frac{3}{x^3}=3$
이므로 조건을 만족시킨다.

$k<3$이면 $\lim_{x\to 1+}f(x)=\lim_{x\to 1+}\frac{k}{x^k(x-1)^{3-k}}=\infty$

$\therefore k=3$이고 $f(x)=\begin{cases}0 & (x=1)\\ \frac{3}{x^3} & (x>1)\end{cases}$

급수 $\sum_{n=1}^{\infty}\frac{f(k)}{k^{n-2}}$은 첫째항이 $\frac{f(3)}{3^{-1}}$, 즉 $\frac{1}{3}$이고

공비가 $\frac{1}{3}$인 등비급수이므로

그 합은 $\frac{\frac{1}{3}}{1-\frac{1}{3}}=\frac{1}{2}$

$\therefore 30\times\sum_{n=1}^{\infty}\frac{f(k)}{k^{n-2}}=15$

30) **정답** 10
[그림 : 서태욱T]
[검토자 : 오세준T]

$f(x)=ax+b$라 하면 $f'(x)=a$이다.

$g(x)=f(x)e^{\int_0^x f(t)dt}$ 의 양변을 x에 대하여 미분하면

$g'(x)=f'(x)e^{\int_0^x f(t)dt}+\{f(x)\}^2e^{\int_0^x f(t)dt}$

(가)에서 함수 $g(x)$의 최댓값이 $g(0)$이므로 함수 $g(x)$는 $x=0$에서 극댓값을 갖는다. …… ㉠

$g'(0)=f'(0)+\{f(0)\}^2=a+b^2=0$

$\therefore a=-b^2$

$f(x)=-b^2x+b$

$$\int_0^x f(t)dt=\int_0^x(-b^2t+b)dt=\left[-\frac{b^2}{2}t^2+bt\right]_0^x$$
$$=-\frac{b^2}{2}x^2+bx$$

따라서 $g(x)=(-b^2x+b)e^{-\frac{b^2}{2}x^2+bx}$이다.

$g'(x)=-b^2e^{-\frac{b^2}{2}x^2+bx}+(-b^2x+b)^2e^{-\frac{b^2}{2}x^2+bx}$
$=b^3x(bx-2)e^{-\frac{b^2}{2}x^2+bx}$

방정식 $g'(x)=0$의 해는 $x=0$, $x=\frac{2}{b}$이다.

㉠에서 $x=0$에서 극대이므로 $x=\frac{2}{b}$에서 극소이고 $b>0$임을 알 수 있다.

극댓값은 $g(0)=b$, 극솟값은 $g\left(\frac{2}{b}\right)=-b$이다.

방정식 $g(x)=0$의 해는 $x=\frac{1}{b}$이다.

함수 $g(x)$와 $|g(x)|$의 그래프는 다음과 같다.

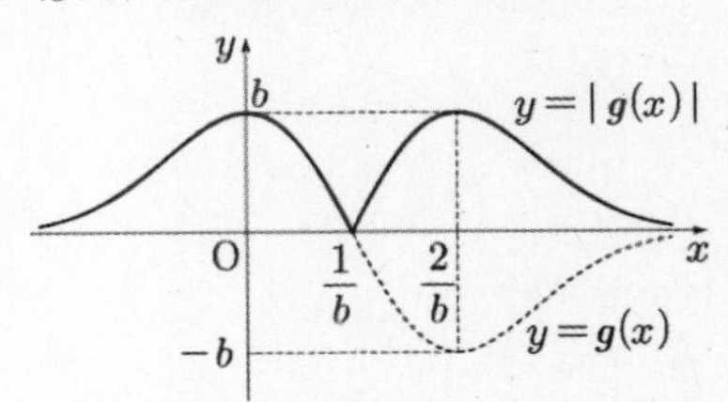

(나)에서 방정식 $|g(x)|=k$의 서로 다른 실근의 개수를 $h(k)$는

$$h(k)=\begin{cases}0\ (k<0,\ k>b)\\ 1\ (k=0)\\ 4\ (0<k<b)\\ 2\ (k=b)\end{cases}$$

이다.
따라서 함수 $h(k)$는 $k=0$일 때와 $k=b$일 때 불연속이다.
그러므로 $0+b=2$에서 $b=2$이다.
$\therefore f(x)=-4x+2$
$f(-2)=8+2=10$이다.

기하

[출제자 : 황보백T]

23) 정답 ①

[검토자 : 함상훈T]

24) 정답 ①

[검토자 : 함상훈T]

$3x^2-(y^2-2y+1)-12=0,\ 3x^2-(y-1)^2=12$

$\frac{x^2}{4}-\frac{(y-1)^2}{12}=1$이므로 초점의 좌표는

$(\sqrt{4+12},\ 1)=(4,\ 1)$이다.

$a=4,\ b=1$이므로 $a\times b=4$

25) 정답 ⑤

[검토자 : 함상훈T]

$\mathrm{P}\left(\frac{1\times(-4)+2\times1}{1+2},\ \frac{1\times2+2\times4}{1+2},\ \frac{1\times3+2\times0}{1+2}\right)$

즉, $\mathrm{P}\left(-\frac{2}{3},\ \frac{10}{3},\ 1\right)$

$\mathrm{Q}\left(\frac{1\times(-4)-2\times1}{1-2},\ \frac{1\times2-2\times4}{1-2},\ \frac{1\times3-2\times0}{1-2}\right)$

즉, $\mathrm{Q}(6,\ 6,\ -3)$

$\mathrm{R}\left(\frac{2\times6-3\times\left(-\frac{2}{3}\right)}{2-3},\ \frac{2\times6-3\times\frac{10}{3}}{2-3},\ \frac{2\times(-3)-3\times1}{2-3}\right)$

즉, $\mathrm{R}(-14,\ -2,\ 9)$

따라서

$\overline{\mathrm{OR}}=\sqrt{(-14)^2+(-2)^2+9^2}=\sqrt{196+4+81}=\sqrt{281}$

26) 정답 ⑤

[검토자 : 함상훈T]

$$|2\vec{a}-\vec{b}|^2=(2\vec{a}-\vec{b})\cdot(2\vec{a}-\vec{b})$$
$$=4|\vec{a}|^2-4\vec{a}\cdot\vec{b}+|\vec{b}|^2$$
$$=4|\vec{a}|^2-4|\vec{a}||\vec{b}|\cos\theta+|\vec{b}|^2$$
$$=8-8\cos\theta=5$$

따라서 $\cos\theta=\frac{3}{8}$

27) 정답 ⑤

[출제자 : 이소영T]

[그림 : 도정영T]

[검토자 : 이소영T]

쌍곡선 $\frac{x^2}{a^2}-\frac{y^2}{9}=-1$의 초점 $\mathrm{F}(0,c)$, $\mathrm{F}'(0,-c)$라 하자.(단, $c>0$)

$\triangle\mathrm{PFA}$과 $\triangle\mathrm{PF'A}$의 높이가 같으므로 밑변의 길이비가 넓이비와 같다.

$\triangle\mathrm{PFA}:\triangle\mathrm{PF'A}=\overline{\mathrm{PF}}:\overline{\mathrm{PF'}}$

$\overline{\mathrm{AF}}:\overline{\mathrm{AF'}}=\overline{\mathrm{PF}}:\overline{\mathrm{PF'}}=c-1:c+1$

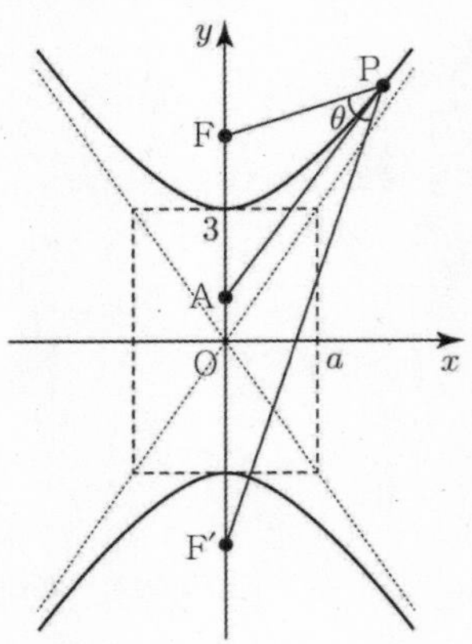

$\overline{\mathrm{PF}}=(c-1)k$, $\overline{\mathrm{PF'}}=(c+1)k$ (단, k는 실수)

쌍곡선의 정의에 따라 $\overline{\mathrm{PF'}}-\overline{\mathrm{PF}}=$ 주축의 길이 $=6$

$(c+1)k-(c-1)k=2k=6$

따라서 $k=3$이다.

$\overline{\mathrm{PF}}=3c-3$, $\overline{\mathrm{PF'}}=3c+3$, $\overline{\mathrm{FF'}}=2c$

$\angle\mathrm{FPF'}=\theta$라 할 때 $\cos\theta=\frac{23}{27}$이므로

$$\frac{23}{27}=\frac{(3c-3)^2+(3c+3)^2-(2c)^2}{2(3c-3)(3c+3)}$$

$$\frac{23}{27}=\frac{9(c-1)^2+9(c+1)^2-4c^2}{18(c-1)(c+1)}$$

$$\frac{23}{3}=\frac{9(2c^2+2)-4c^2}{2c^2-2}$$

$46c^2-46=3(14c^2+18)$

$4c^2=100$

$c=5$이다.

따라서 초점 $c^2=a^2+9$이므로

$25=a^2+9$

$a=4(a>0)$이고,

삼각형 $\mathrm{FPF'}$의 둘레의 길이는

$3c+3+3c-3+2c=8c$이므로 40이다.

$a+\triangle\mathrm{FPF'}$둘레의 길이 $=44$이다.

28) 정답 ⑤

[출제자 : 정일권T]

[그림 : 이정배T]

[검토자 : 오정화T]

포물선의 초점 F의 x좌표를 p라 하면 포물선방정식은 $y^2=4px$이고 점 $\mathrm{A}(p,4)$를 지나므로 $p=2$이다.

$\triangle \mathrm{AFF'}$에서 $\angle \mathrm{AFP}=\frac{\pi}{2}$ 이므로,

$\triangle \mathrm{AFF'}$는 직각삼각형이다.

타원의 초점은 $\mathrm{F}(2,0), \mathrm{F'}(-2,0)$

$\overline{\mathrm{FF'}}=4, \overline{\mathrm{AF}}=4$이고

$\triangle \mathrm{AFF'}$에서 $\overline{\mathrm{AF'}}^2=\overline{\mathrm{AF}}^2+\overline{\mathrm{F'F}}^2$ 이므로

$\overline{\mathrm{AF'}}=4\sqrt{2}$ 이다.

타원의 장축의 길이 $=\overline{\mathrm{AF}}+\overline{\mathrm{AF'}}=4+4\sqrt{2}$ 이므로

$\mathrm{P}(-2-2\sqrt{2},0), \mathrm{Q}(2+2\sqrt{2},0)$

$\overline{\mathrm{AP}}^2=4^2+(4+2\sqrt{2})^2$

$\overline{\mathrm{BQ}}^2=\overline{\mathrm{AQ}}^2=4^2+(2\sqrt{2})^2$

$\overline{\mathrm{AP}}^2-\overline{\mathrm{BQ}}^2=16(1+\sqrt{2})$

29) 정답 27

[출제자 : 황보성호T]

[그림 : 최성훈T]

[검토 : 강동희T]

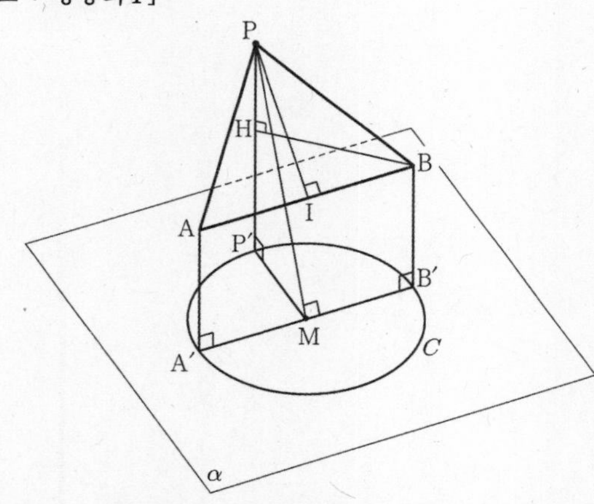

$\overline{\mathrm{PP'}}\perp\alpha$, $\overline{\mathrm{PM}}\perp\overline{\mathrm{A'B'}}$이므로 삼수선의 정리에 의해 $\overline{\mathrm{P'M}}\perp\overline{\mathrm{A'B'}}$

$\overline{\mathrm{A'B'}}=10$이므로 원 C의 반지름의 길이가 5이다.

즉, $\overline{\mathrm{P'M}}=5$

직각삼각형 $\mathrm{PP'M}$에서 피타고라스 정리에 의해 $\overline{\mathrm{PP'}}=12$

점 B에서 선분 PP′에 내린 수선의 발을 H라 하면

$\overline{\mathrm{BH}}=\overline{\mathrm{B'P'}}=5\sqrt{2}$, $\overline{\mathrm{PH}}=5$이므로 $\overline{\mathrm{PB}}=5\sqrt{3}$

$\overline{\mathrm{AA'}}=\overline{\mathrm{BB'}}$이므로 $\overline{\mathrm{PA}}=\overline{\mathrm{PB}}=5\sqrt{3}$

$\overline{\mathrm{AB}}=\overline{\mathrm{A'B'}}=10$

점 P에서 선분 AB에 내린 수선의 발을 I라 하면 $\overline{\mathrm{PI}}=5\sqrt{2}$

평면 PAB와 평면 α이 이루는 예각의 크기를 θ라 하자.

$\overline{\mathrm{P'M}}=\overline{\mathrm{PI}}\cos\theta$에서 $\cos\theta=\frac{\sqrt{2}}{2}$

삼각형 $\mathrm{P'A'B'}$의 넓이는 $\frac{1}{2}\times10\times5=25$

따라서 삼각형 $\mathrm{P'A'B'}$를 평면 PAB 위로의 정사영의 넓이는

$k=25\times\frac{\sqrt{2}}{2}=\frac{25\sqrt{2}}{2}$

$\therefore p=2,\ q=25$

$\therefore p+q=27$

30) 정답 19

[출제자 : 김종렬T]

[그림 : 이정배T]

[검토자 : 이진우T]

(나)조건에 의해서

$$\left|\frac{\overrightarrow{\mathrm{PA}}}{|\overrightarrow{\mathrm{PA}}|}+\frac{\overrightarrow{\mathrm{PB}}}{|\overrightarrow{\mathrm{PB}}|}\right|^2=\left|-\frac{\overrightarrow{\mathrm{PC}}}{|\overrightarrow{\mathrm{PC}}|}\right|^2,$$

$$2+2\times\frac{\overrightarrow{\mathrm{PA}}\cdot\overrightarrow{\mathrm{PB}}}{|\overrightarrow{\mathrm{PA}}|\times|\overrightarrow{\mathrm{PB}}|}=1,$$

$\frac{\overrightarrow{\mathrm{PA}}\cdot\overrightarrow{\mathrm{PB}}}{|\overrightarrow{\mathrm{PA}}|\times|\overrightarrow{\mathrm{PB}}|}=-\frac{1}{2}$이므로 $\angle \mathrm{APB}=\frac{2}{3}\pi$이고 마찬가지로

계산하면 $\angle \mathrm{APC}=\frac{2}{3}\pi$이다.

한편, 점 D를 중심으로 세 점 A, B, P를 지나는 원을 C_1, 점 E를 중심으로 세 점 A, C, P를 지나는 원을 C_2라고 할 때, 두 원의 교점이 A, P이므로 두 원 C_1, C_2의 방정식을 구하여 연립하여 점 P의 좌표를 구하자.

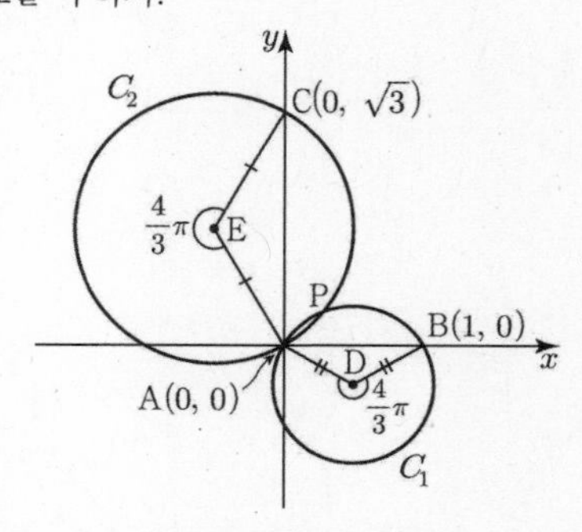

$\triangle \mathrm{ADB}$와 $\triangle \mathrm{AEC}$가 이등변삼각형이고

$\mathrm{D}\left(\frac{1}{2}, -\frac{1}{2\sqrt{3}}\right)$, $\mathrm{E}\left(-\frac{1}{2}, \frac{\sqrt{3}}{2}\right)$이므로

원 C_1의 방정식은 $\left(x-\frac{1}{2}\right)^2+\left(y+\frac{\sqrt{3}}{6}\right)^2=\frac{1}{3}$이고

원 C_2의 방정식은 $\left(x+\frac{1}{2}\right)^2+\left(y-\frac{\sqrt{3}}{2}\right)^2=1$이다.

두 원의 방정식을 연립하면 $x=\frac{2}{7}$, $y=\frac{\sqrt{3}}{7}$ 이므로

$\therefore \mathrm{P}\left(\frac{2}{7}, \frac{\sqrt{3}}{7}\right)$

$A(0, 0), B(1, 0), C(0, \sqrt{3})$이므로

$\overrightarrow{PA} = \left(-\frac{2}{7}, -\frac{\sqrt{3}}{7}\right), \overrightarrow{PB} = \left(\frac{5}{7}, -\frac{\sqrt{3}}{7}\right), \overrightarrow{PC} = \left(-\frac{2}{7}, \frac{6\sqrt{3}}{7}\right)$

이고 $\overrightarrow{PA} + \overrightarrow{PB} = \left(\frac{3}{7}, -\frac{2\sqrt{3}}{7}\right)$이다

$|\overrightarrow{PA} + \overrightarrow{PB}|^2 = k^2|\overrightarrow{PC}|^2$이므로 $k^2 = \frac{3}{16}$

$\therefore p+q = 3+16 = 19$

랑데뷰☆수학 모의고사 - 시즌2 제2회

공통과목

1	⑤	2	②	3	④	4	③	5	②
6	①	7	④	8	④	9	③	10	④
11	②	12	④	13	④	14	④	15	②
16	3	17	24	18	5	19	12	20	6
21	11	22	15						

확률과 통계

23	②	24	②	25	②	26	②	27	②
28	④	29	119	30	193				

미적분

23	②	24	③	25	②	26	②	27	①
28	⑤	29	3	30	15				

기하

23	⑤	24	④	25	②	26	②	27	②
28	④	29	32	30	24				

랑데뷰☆수학 모의고사 - 시즌2 제2회 풀이

공통과목

[출제자 : 황보백]

1) 정답 ⑤

[검토자 : 필재T]

$\sin\frac{5}{6}\pi=\sin\left(\pi-\frac{\pi}{6}\right)=\sin\frac{\pi}{6}=\frac{1}{2}$

$\cos 2\pi=1$

따라서

$\sin\frac{5}{6}\pi+\cos 2\pi=\frac{3}{2}$

2) 정답 ②

[검토자 : 필재T]

$\lim_{x\to2}\frac{f(x)-x}{x-2}$

$=\lim_{x\to2}\frac{f(x)-f(2)+f(2)-x}{x-2}$

$=\lim_{x\to2}\frac{f(x)-f(2)+2-x}{x-2}$

$=\lim_{x\to2}\left\{\frac{f(x)-f(2)}{x-2}-1\right\}$

$=f'(2)-1=3-1=2$

3) 정답 ④

[검토자 : 필재T]

$\sum_{k=1}^{n}a_{2k-1}=n^2+2n$ 에서

$n=1$일 때, $a_1=1+2\times1=3$

$n=2$일 때, $a_1+a_3=4+2\times2=8$

따라서, $a_3=8-3=5$이므로 등차수열 a_n의 공차를 d라 하면

$2d=a_3-a_1=5-3=2 \quad \therefore d=1$

$\therefore a_7=a_1+6d=3+6=9$

4) 정답 ③

[검토자 : 필재T]

$9^{3x-4}=(3^2)^{3x-4}=3^{6x-8}$

$\left(\frac{1}{3}\right)^{2x^2}=(3^{-1})^{2x^2}=3^{-2x^2}$

이므로 주어진 부등식 $9^{3x-4}\le\left(\frac{1}{3}\right)^{2x^2}$ 은

$3^{6x-8}\le3^{-2x^2}$ $\cdots$㉠

이때 밑이 1보다 크므로 부등식 ㉠의 해는

$6x-8\le-2x^2$

$x^2+3x-4\le0$

$(x+4)(x-1)\le0$

$-4\le x\le1$

따라서 정수 x의 값은 $-4, -3, -2, -1, 0, 1$로 그 개수는 6이다.

5) 정답 ②

[검토자 : 필재T]

극한값의 성질에 의하여

$\int_1^1 f(t)\,dt-f(1)=0$이므로 $f(1)=0$,

$\lim_{x\to1}\frac{\int_1^x f(t)\,dt-f(x)}{x^2-1}$

$=\lim_{x\to1}\frac{\int_1^x f(t)\,dt}{x^2-1}-\lim_{x\to1}\frac{f(x)-f(1)}{x^2-1}$

$=\frac{f(1)}{2}-\frac{f'(1)}{2}=1$

$\therefore\ f'(1)=-2$

6) 정답 ①
[검토자 : 한정아T]
함수 $f(x)=2^{1-x}+2=\left(\frac{1}{2}\right)^{x-1}+2$의 밑이 $\frac{1}{2}$이고 $0<\frac{1}{2}<1$이므로
함수 $f(x)$는 실수 전체의 집합에서 감소한다. 따라서
$f(a+1)<f(a)$이므로
$|f(a+1)-f(a)|=5$에서
$f(a)-f(a+1)=5$
$(2^{1-a}+2)-(2^{-a}+2)=5$
$2\times2^{-a}-2^{-a}=5$
$2^{-a}=5$
$-a=\log_2 5$
따라서 $a=-\log_2 5$

7) 정답 ④
[검토자 : 한정아T]
$a_{2n+2}-a_{2n}=3$에서
$a_{20}-a_{18}=3$
$a_{18}-a_{16}=3$
$\vdots$
$a_4-a_2=3$
이므로 더하면
$a_{20}-a_2=27,\ a_{20}=10+27=37$
따라서
$a_{20}+\sum_{n=1}^{19}a_n$
$=a_{20}+a_1+\sum_{n=1}^{9}(a_{2n}+a_{2n+1})$
$=37+7+54=98$

8) 정답 ④
[출제자 : 최성훈T]
[검토자 : 한정아T]
$g(x)$는 $x=1$에서 미분가능하므로 $x=1$에서 연속이다.
$x=1$에서 연속이므로 $\lim_{x\to1-}g(x)=\lim_{x\to1+}g(x)$이고 $f(x)$는
다항함수이므로
$\lim_{x\to1}f(x)=\lim_{x\to1}\{-f(x)+x-1\}$ 즉 $\lim_{x\to1}\{f(x)-(-f(x)+x-1)\}=0$
…㉠
$x=1$에서 미분가능이므로 $\lim_{x\to1-}g'(x)=\lim_{x\to1+}g'(x)$이고 $f(x)$는
다항함수이므로
$\lim_{x\to1}f'(x)=\lim_{x\to1}\{-f'(x)+1\}$ 즉 $\lim_{x\to1}\{f'(x)-(-f'(x)+1)\}=0$
…㉡
㉠, ㉡에 의하여 $f(x)-(-f(x)+x-1)$는 $(x-1)^2$을 인수로
가진다.
$f(x)$는 이차함수이므로
$f(x)-(-f(x)+x-1)=k(x-1)^2$ (k는 상수)
정리하면 $f(x)=\frac{k}{2}(x-1)^2+\frac{1}{2}(x-1)$
$f(x)$는 $x=3$에서 극값을 가지므로 $f'(3)=0$이다.
$f'(x)=k(x-1)+\frac{1}{2}$ 이므로 $f'(3)=2k+\frac{1}{2}=0$ 따라서 $k=-\frac{1}{4}$
$f(x)=-\frac{1}{8}(x-1)^2+\frac{1}{2}(x-1)$
$\therefore\ f(9)=-4$

9) 정답 ③
[검토 : 조남웅T]
[검토자 : 오세준T]
$S_n=4+2a_{n+1}$에서
$a_{n+1}=S_{n+1}-S_n$이므로
$S_n=4+2(S_{n+1}-S_n)$
$2S_{n+1}=3S_n-4$
$S_{n+1}=\frac{3}{2}S_n-2$ …… ㉠
㉠의 양변의 n에 $n-1$을 대입하면
$S_n=\frac{3}{2}S_{n-1}-2\ (n\geq2)$ …… ㉡
㉠-㉡
$a_{n+1}=\frac{3}{2}a_n\ (n\geq2)$
양변에 $n=2$을 대입하면 $a_3=\frac{3}{2}a_2$에서 $a_3=3$이므로 $a_2=2$이다.
같은 방법으로 $a_4=\frac{9}{2}$
한편, $S_1=a_1$이므로 준식에 $n=1$을 대입하면
$S_1=4+2a_2=8$
$\therefore\ a_1=8$
$a_1\times a_4=8\times\frac{9}{2}=36$
이다.

10) 정답 ④
[검토자 : 최혜권T]
두 점 P, Q의 시각 t에서의 위치를 $s_1(t),\ s_2(t)$라 하면
$s_1(t)=\int v_1(t)dt,\ s_2(t)=\int v_2(t)dt$이고 $s_1(0)=0,\ s_2(0)=0$이므로
$s_1(t)=2t^3-2t^2-14t,\ s_2(t)=t^3-t^2-8t$
이다.

두 점 P, Q가 만나는 시각은

$2t^3-2t^2-14t=t^3-t^2-8t$

$t^3-t^2-6t=0$

$t(t^2-t-6)=0$

$t(t-3)(t+2)=0$

에서 $t=3$이다.

따라서

$v_2(t)=3t^2-2t-8<0$

$(t-2)(3t+4)<0$

$-\frac{4}{3}<t<2$에서 $v_2(t)<0$이고 $t>0$에서 $v_2(t)>0$이므로

점 Q가 시각 $t=0$에서 $t=3$까지 움직인 거리는

$\int_0^3 |v_2(t)|dt$

$=\int_0^2 -v_2(t)dt+\int_2^3 v_2(t)dt$

$=\Big[-s_2(t)\Big]_0^2+\Big[s_2(t)\Big]_2^3$

$=-s_2(2)+s_2(0)+s_2(3)-s_2(2)$

$=s_2(3)-2s_2(2)$

$s_2(t)=t^3-t^2-8t$

$=(27-9-24)-2(8-4-16)$

$=-6+24=18$

11) 정답 ②

[그림 : 배용제T]

[검토자 : 최현정T]

곡선 $y=x^2-x$와 직선 $y=-x+4$의 교점의 x좌표는

$x^2-x=-x+4$

$x^2=4$

$x=-2$ 또는 $x=2$

이다.

따라서 $a=-2$, $a=2$이면 $f(x)$는 실수 전체의 집합에서 연속이므로 $f(x-a)$도 실수 전체의 집합에서 연속이 된다.

그러므로 $f(x)f(x-a)$는 실수 전체의 집합에서 연속이다. ……㉠

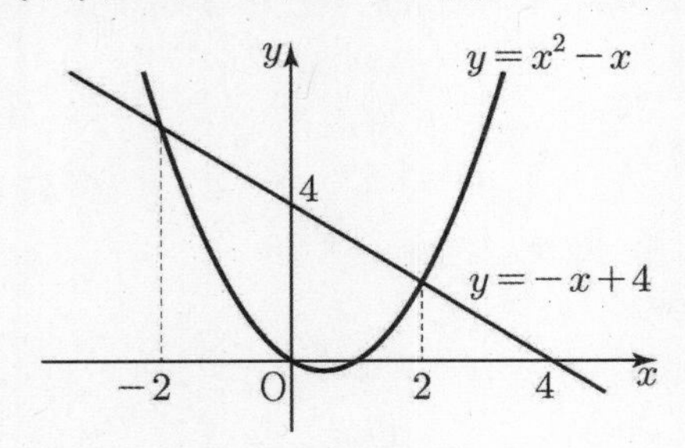

[랑데뷰 불방도]를 작성하면 다음과 같다.

	불연속	방정식	도우미
$f(x)$	$x=a$	$f(x)f(x-a)$에 $x=a$을 대입 → $f(0)=0$	함수 $f(x)$의 그래프가 $(0,0)$을 지나기 위해서는 $a>0$이면 된다.
$f(x-a)$	$x=2a$	$f(x)f(x-a)$에 $x=2a$을 대입 → $f(2a)=0$	$2a=0$ → $a=0$ $2a=1$ → $a=\frac{1}{2}$ $2a=4$ → $a=2$
	X		$a=\frac{1}{2}$, $a=2$ ……㉡

㉠, ㉡에서

모든 a의 곱은 $(-2)\times\frac{1}{2}\times2=-2$이다.

12) 정답 ④

[그림 : 서태욱T]

[검토자 : 최수영T]

세 점 O, A, B가 직선 $y=2x$위에 있고 $\overline{OB}=2\sqrt{5}$이므로

점 B의 좌표는 $(2,4)$이다.

따라서 최고차항의 계수가 -1인 사차함수 $f(x)$는 점 A의 x좌표를 $a(0<a<2)$라 하면

곡선 $y=f(x)$와 직선 $y=2x$가 $x=2$에서 접하므로

$f(x)-2x=-x(x-a)(x-2)^2$라 할 수 있다.

$S_1=S_2$에서 $\int_0^2\{f(x)-2x\}dx=0$이므로

$\int_0^2 -x(x-a)(x-2)^2dx=0$이다.

그러므로

$\int_0^2 x(x-a)(x-2)^2dx$

$=\int_0^2(x^2-ax)(x^2-4x+4)dx$

$=\int_0^2\{x^4-(a+4)x^3+(4a+4)x^2-4ax\}dx$

$=\left[\frac{1}{5}x^5-\frac{a+4}{4}x^4+\frac{4a+4}{3}x^3-2ax^2\right]_0^2$

$=\frac{32}{5}-4a-16+\frac{32a+32}{3}-8a$

$=-\frac{4a}{3}+\frac{16}{15}=0$

$\frac{4a}{3}=\frac{16}{15}$

$\therefore a=\frac{4}{5}$

따라서 $f(x)=-x\left(x-\frac{4}{5}\right)(x-2)^2+2x$이다.

그러므로 $f(1)=-1\times\frac{1}{5}\times1+2=\frac{9}{5}$

13) 정답 ④

[그림 : 서태욱T]

[검토자 : 정찬도T]

사각형 ABCP의 넓이는 삼각형 ABC의 넓이와 삼각형 PAC의 넓이의 합이다. 삼각형 ABC의 넓이는 고정값인 상수이고 삼각형 PAC의 넓이는 점 P의 위치에 따라 값이 변한다. 삼각형 PAC의 넓이가 최대가 되기 위해서는 선분 AC와 P에서의 접선과 평행할 때이고 이 때 점 P=Q이다.

원 O에서 현 AC의 수직이등분선은 원 O의 중심을 지나므로 $\overline{QA}=\overline{QC}=4$이다.

사각형 ABCQ는 원에 내접하므로 $\angle AQC=\pi-\angle ABC=\frac{\pi}{3}$

따라서 삼각형 QAC는 한 변의 길이가 4인 정삼각형이다.

$\therefore\ \overline{AC}=4$

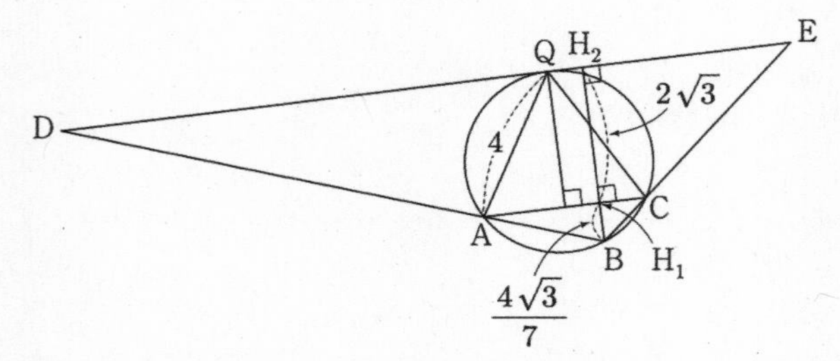

$\overline{AB}=2x$, $\overline{BC}=x$라 하고 삼각형 ABC에서 코사인법칙을 적용하면

$16=4x^2+x^2-2\times 2x\times x\times\cos\frac{2}{3}\pi$

$16=5x^2+2x^2$

$\therefore\ x^2=\frac{16}{7}$

따라서 삼각형 ABC의 넓이는

$\frac{1}{2}\times 2x\times x\times\sin\frac{2}{3}\pi=\frac{8\sqrt{3}}{7}$이다.

점 B에서 선분 AC에 내린 수선의 발을 H_1이라 하면

$\frac{1}{2}\times\overline{AC}\times\overline{BH_1}=\frac{8\sqrt{3}}{7}$

$\overline{BH_1}=\frac{4\sqrt{3}}{7}$

정삼각형 QAC의 높이가 $2\sqrt{3}$이므로 점 B에서 선분 DE에 내린 수선의 발을 H_2라 하면 $\overline{BH_2}=\frac{4\sqrt{3}}{7}+2\sqrt{3}=\frac{18}{7}\sqrt{3}$이다.

선분 AC와 선분 DE는 평행하므로 $\triangle BAC\backsim\triangle BDE$이다.

따라서 삼각형 BAC와 삼각형 BDE의 닮음비는

$\overline{BH_1}:\overline{BH_2}=\frac{4\sqrt{3}}{7}:\frac{18\sqrt{3}}{7}=2:9$

그러므로 삼각형 BAC의 넓이가 $\frac{8\sqrt{3}}{7}$이므로

삼각형 BDE의 넓이는 $\frac{81}{4}\times\frac{8\sqrt{3}}{7}=\frac{162\sqrt{3}}{7}$이다.

14) 정답 ④

[그림 : 강민구T]

[검토자 : 정일권T]

α의 값이 0, 1, 2이므로 $f(0)=f(1)=f(2)=5$이다.

양수 k에 대하여 삼차함수 $g(x)$는 $g(x)=kx(x-1)(x-2)+5$라 할 수 있다. …… ㉠

$g'(0)\geq\lim_{x\to 0-}f'(x)$이어야 삼차함수 $g(x)$의 그래프와 함수 $f(x)$의 그래프는 $x<0$에서 만나지 않는다.

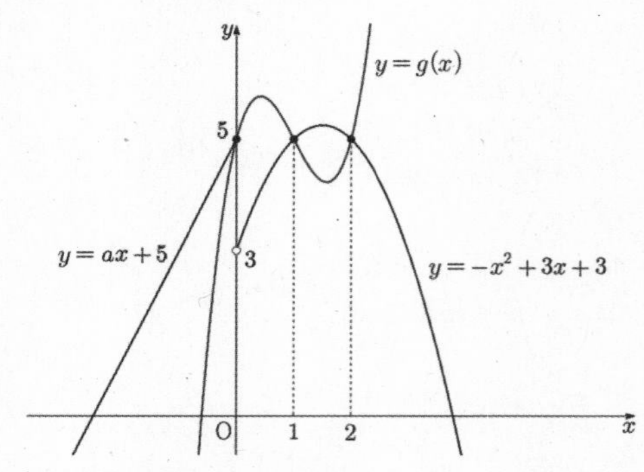

$g'(x)=k(x-1)(x-2)+kx(x-2)+kx(x-1)$

$g'(0)=2k$

$x<0$일 때, $f'(x)=a$에서 $\lim_{x\to 0-}f'(x)=a$이므로 $2k\geq a$이다.

$g(3)=6k+5=11$

$\therefore\ k=1$

그러므로 $a\leq 2$이다.

15) 정답 ②

[정답 : 배용제T]

[검토자 : 장세완T]

(i) $0<t\leq\frac{\pi}{6}$일 때, 그림과 같다.

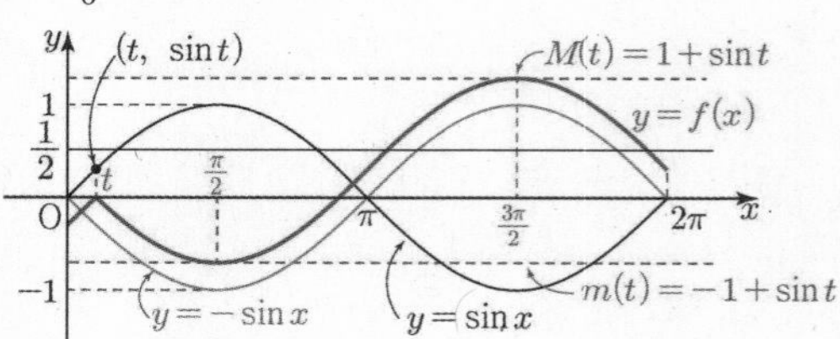

$M(t)=1+\sin t$, $m(t)=-1+\sin t$이다.

따라서 $M(t)-m(t)=2$

(ii) $\frac{\pi}{6}<t\leq\pi$일 때, 그림과 같다.

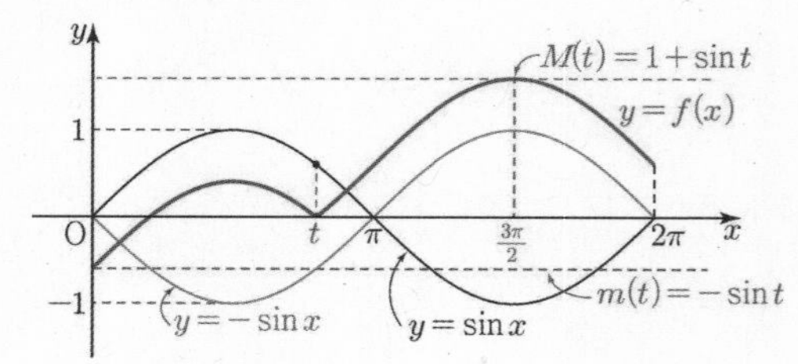

$M(t)=1+\sin t$, $m(t)=-\sin t$이다.
따라서 $M(t)-m(t)=1+2\sin t$

(iii) $\pi < t \le \frac{11}{6}\pi$일 때, 그림과 같다.

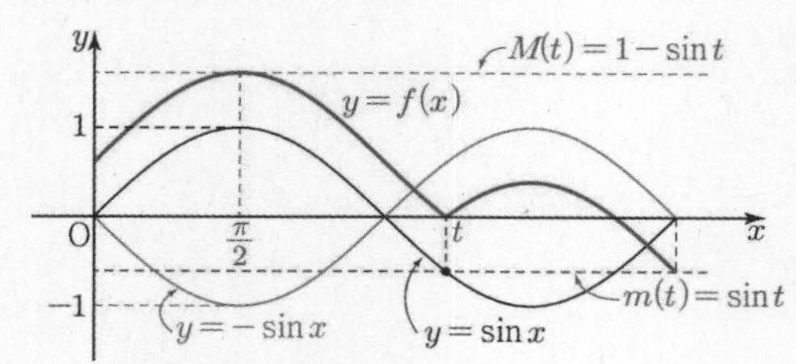

$M(t)=1-\sin t$, $m(t)=\sin t$이다.
따라서 $M(t)-m(t)=1-2\sin t$

(iv) $\frac{11}{6}\pi < t < 2\pi$일 때, 그림과 같다.

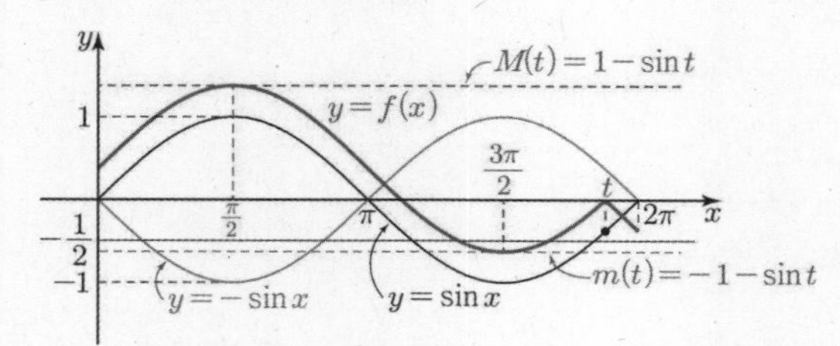

$M(t)=1-\sin t$, $m(t)=-1-\sin t$이다.
따라서 $M(t)-m(t)=2$

(i)~(iv)에서
함수 $M(t)-m(t)$의 그래프는 그림과 같다.

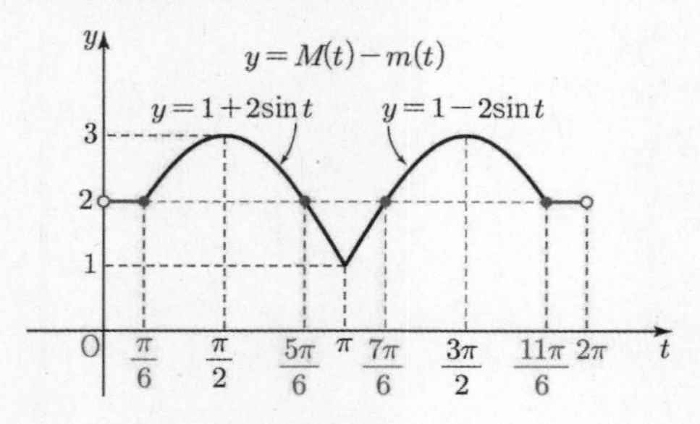

방정식 $M(t)-m(t)=2$의 해집합 A는

$A=\left\{t \,\middle|\, 0<t\le\frac{\pi}{6},\ \frac{5}{6}\pi,\ \frac{7}{6}\pi,\ \frac{11}{6}\pi\le t<2\pi\right\}$이다.

따라서 $\frac{\pi}{3}\notin A$

16) 정답 3
[검토자 : 장선정T]
$f(x)=(2x^3+1)(x-1)$
$f'(x)=6x^2(x-1)+(2x^3+1)$
$\therefore\ f'(1)=3$

17) 정답 24
[검토자 : 장선정T]
구하는 도형의 넓이는

$\int_0^6\left(x^2-\frac{2}{3}x^2\right)dx=\int_0^6\frac{1}{3}x^2dx=\left[\frac{1}{9}x^3\right]_0^6=24$

18) 정답 5
[검토자 : 장선정T]
$y=3\cos\frac{\pi}{2}x$ 는 주기가 $\frac{2\pi}{\frac{\pi}{2}}=4$ 이고 최댓값과 최솟값이 각각 3, -3 이므로 그래프는 다음과 같다.

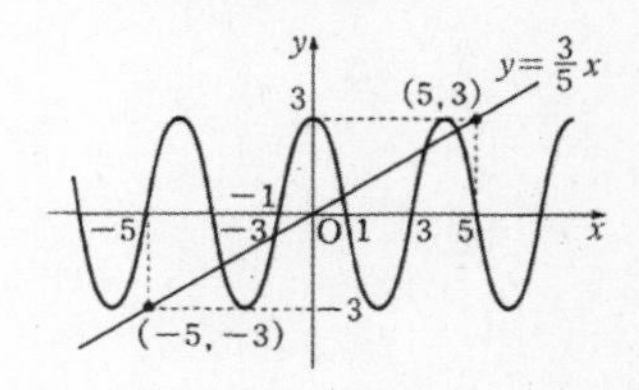

직선 $y=\frac{3}{5}x$ 는 두 점 (5, 3), $(-5,\ -3)$ 을 지나므로 위의 그림에서 교점의 개수는 5개다.

19) 정답 12
[검토자 : 장선정T]
$f(x)=x^3-4x^2-x+12$에서
$f'(x)=3x^2-8x-1$이므로
$f'(2)=12-16-1=-5$에서
점 A에서의 접선의 방정식은 $y=-5(x-2)+2=-5x+12$이다.
따라서
$x^3-4x^2-x+12=-5x+12$
$x^3-4x^2+4x=0$
$x(x-2)^2=0$
점 B의 x좌표가 0이므로 B(0, 12)이다.
따라서 삼각형 OAB의 넓이는 $\frac{1}{2}\times12\times2=12$이다.

20) 정답 6
[그림 : 배용제T]
[검토자 : 이호진T]
곡선 $y=2^{x+1}-b$는 점근선이 $y=-b$이고 증가함수이다.
곡선 $y=2^{-x+2}+b$는 점근선이 $y=b$이고 감소함수이다.
따라서
$-b<t<k$인 모든 실수 t에 대하여 함수 $y=f(x)$의 그래프와 직선 $y=t$의 교점의 개수는 1이기 위해서는 두 점근선 $y=-b$, $y=b-a$가 직선 $y=-\frac{1}{2}x+\frac{1}{2}$의 경계여야 한다.

즉, $-a \le x \le a$에서 감소함수인 $y=-\frac{1}{2}x+\frac{1}{2}$는 $(-a,\ b)$을 지나고 곡선 $y=2^{x+1}-b$은 $(-a,\ b-a)$을 지나야 한다.

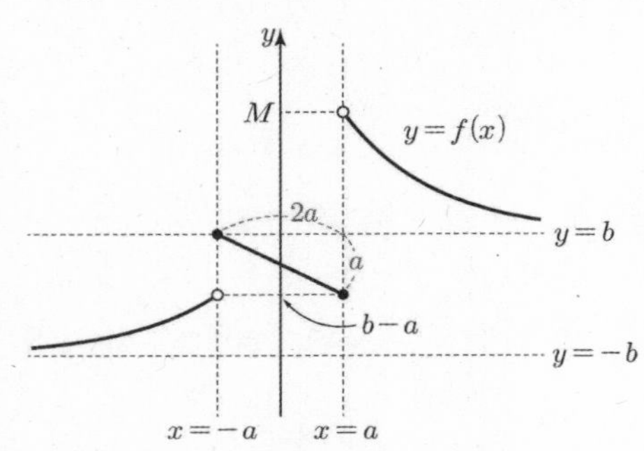

정리하면 다음과 같다.

$\frac{1}{2}a+\frac{1}{2}=b$ …… ㉠

$2^{-a+1}-b=b-a$ …… ㉡

㉠에서 $2b-a=1$이므로 ㉡에 대입하면 $2^{-a+1}=1$

$\therefore\ a=1$

㉡에서 $b=1$

따라서 $x>1$에서 $y=2^{-x+2}+1$은 $x=1$에서 $y=3$이므로 $M=3$이다.

그러므로 $M(a+b)=6$이다.

21) 정답 11

[검토자 : 이진우T]

첫째항이 자연수이므로 $a_n=2^k$꼴일 때는 $a_{n+1}=k$이고 a_n이 그 외 경우인 경우는 a_{n+1}은 제곱수가 되므로 수열 $\{a_n\}$의 모든 항은 자연수 또는 0이다.

$n=4$를 대입하면

$$1=\begin{cases}\log_2 a_4 & (\log_2 a_4\text{이 자연수인 경우})\\ (a_4-2)^2 & (\log_2 a_4\text{이 자연수가 아닌 경우})\end{cases}$$

에서 $a_4=2$ 또는 $a_4=3$ 또는 $a_4=1$이다.

(i) $a_4=2$인 경우

a_1	a_2	a_3	a_4
2^{16}	16		
6			
		4	2
X	0		

가능한 a_1의 개수는 2이다.

(ii) $a_4=3$인 경우

a_1	a_2	a_3	a_4
2^{256}			
	256	8	3
18			

가능한 a_1의 개수는 2이다.

(ii) $a_4=1$인 경우

a_1	a_2	a_3	a_4
16	4		
0(X)		2	
			1
256	8	3	
4	2		
8	3	1	
2	1		
3			
1			

가능한 a_1의 개수는 7이다.

(i), (ii), (iii)에서 가능한 a_1의 개수는 $2+2+7=11$이다.

22) 정답 15

[그림 : 이정배T]

[검토자 : 이소영T]

함수 $g(x)$는

$$g(x)=\begin{cases}-x\int_a^x f(t)dt & (x<0)\\ x\int_a^x f(t)dt & (x\ge 0)\end{cases}$$ 이므로

$$g'(x)=\begin{cases}-\int_a^x f(t)dt-xf(x) & (x<0)\\ \int_a^x f(t)dt+xf(x) & (x>0)\end{cases}$$

이다.

함수 $g(x)$가 $x=0$에서 미분가능하므로 $\lim_{x\to 0-}g'(x)=\lim_{x\to 0+}g'(x)$이어야 한다.

$-\int_a^0 f(t)dt=\int_a^0 f(t)dt$

이므로 $\int_a^0 f(t)dt=0$이다.

$\therefore \int_0^a f(x)dx=0$

(i) $a<0$일 때,

그림과 같이 $\int_{-4}^{-2} f(x)dx=-\int_{-2}^{0} f(x)dx$이므로

$a=-4$이다.

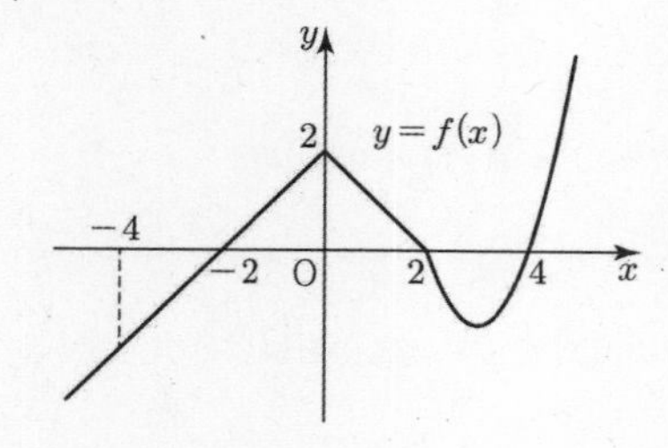

(ii) $a=0$일 때,

$\int_0^0 f(x)dx=0$이므로 조건을 만족한다.

(iii) $a>0$일 때,

$\int_0^a f(x)dx=0$이 성립하도록 하는 a의 값이 하나만 존재하기

위해서는 $0<x<2$일 때, $f(x)>0$이고 $2<x<4$에서만

$f(x)<0$이므로 $\int_0^4 f(x)dx=0$만 가능하다. 즉, $a=4$이다.

$\int_0^2 f(x)dx=2$, $\int_2^4 f(x)dx=-\frac{4}{3}k$이므로

$\frac{4}{3}k=2$

$k=\frac{3}{2}$

만약 $\int_2^4 f(x)dx<-2$이면 a가 구간 $(2, 4)$와 구간 $(4, \infty)$에서

존재하므로 조건을 만족시키지 않는다.

그러므로 $10k=15$이다.

확률과 통계

[출제자 : 황보백 T]

23) 정답 ②

[검토자 : 서영만T]

A, B 두 사건이 배반사건이므로

$P(A\cup B)=P(A)+P(B)$ 에서 $\frac{3}{4}=\frac{1}{5}+P(B)$

따라서 $P(B)=\frac{11}{20}$

24) 정답 ②

[검토자 : 서영만T]

$V(X)=E(X^2)-\{E(X)\}^2$에서

$15=40-\{E(X)\}^2$

$\therefore E(X)=5$

따라서 $E(2X)=10$

25) 정답 ②

[검토자 : 서영만T]

$\left(ax+\frac{1}{x}\right)^8$의 전개식의 일반항은

${}_8C_r(ax)^{8-r}\left(\frac{1}{x}\right)^r={}_8C_r a^{8-r}x^{8-2r}$ $(r=0,\ 1,\ 2,\ \cdots,\ 8)$

x^2의 계수는 $r=3$일 때이고, x^4의 계수는 $r=2$일 때이므로

${}_8C_3 a^5={}_8C_2 a^6$

$56a^5=28a^6$

$\therefore a=2$

26) 정답 ②

[검토자 : 서영만T]

(모든 확률의 합)$=1$이므로 $2a+2b=1$

$\therefore a+b=\frac{1}{2}$ ……㉠

이므로

$E(X)=a+2b+3b+4a=5(a+b)=\frac{5}{2}$

$E(X^2)=a+4b+9b+16a=4a+\frac{13}{2}$

따라서 $V(X)=4a+\frac{13}{2}-\left(\frac{5}{2}\right)^2=4a+\frac{1}{4}$

$4a+\frac{1}{4}=\frac{3}{4}$

$a=\frac{1}{8}$, $b=\frac{3}{8}$

$\therefore a\times b=\frac{3}{64}$

27) 정답 ②

[검토자 : 안형진T]

이 공장에서 생산하는 A 음료 중 임의추출한 256병의 용량을 조사하여 구한 표본평균이 181이므로 이를 이용하여 구한 모평균 m에 대한 신뢰도 95%의 신뢰구간은

$181-1.96\times\frac{\sigma}{\sqrt{256}} \le m \le 181+1.96\times\frac{\sigma}{\sqrt{256}}$

$181+1.96\times\frac{\sigma}{\sqrt{256}}=181.98$

$0.49 \times \frac{1}{4} \times \sigma = 0.98$

$\therefore\ \sigma = 8$

따라서 $a = 181 - 1.96 \times \frac{8}{\sqrt{256}} = 180.02$이다.

28) 정답 ④

[출제자 : 황보성호T]

[검토자 : 안형진T]

$abc^2d^3 = 2^2 \times 3^2 \times 5^3 \times 7^2$에서 $d = 5$ 뿐이다.

즉, $abc^2 = 2^2 \times 3^2 \times 7^2$에서 c^2의 서로 다른 소인수의 개수에 따라 구분하자.

(i) 0개인 경우

즉, $c^2 = 1^2$이므로 $ab = 2^2 \times 3^2 \times 7^2$에서

조건 (나)에 의하여 (가능한 a, b의 모든 개수)$-$(a, b가 서로소인 개수)로 계산할 수 있다.

$(a,\ b)$의 개수는 $3 \times 3 \times 3 - 2 \times 2 \times 2 = 27 - 8 = 19$

(ii) 1개인 경우

c^2을 결정하는 경우의 수는 3가지.

예를 들어 $c^2 = 2^2$이라 하면 $ab = 3^2 \times 7^2$에서

$(a,\ b)$의 개수는 $3 \times 3 - 2 \times 2 = 9 - 4 = 5$

$\therefore 3 \times 5 = 15$

(iii) 2개인 경우

c^2을 결정하는 경우의 수는 3가지.

예를 들어 $c^2 = 2^2 \times 3^2$이라 하면 $ab = 7^2$에서

$(a,\ b)$의 개수는 $3 - 2 = 1$

$\therefore 3 \times 1 = 3$

(iv) 3개인 경우

즉, $c^2 = 2^2 \times 3^2 \times 7^2$이므로 $ab = 1$에서

$(a,\ b) = (1,\ 1)$ 뿐인데 이는 서로소이므로

조건 (나)를 만족시키지 않는다.

따라서 모든 순서쌍 $(a,\ b,\ c,\ d)$의 개수는 $19 + 15 + 3 = 37$개

29) 정답 119

[출제자 : 김종렬T]

[검토자 : 오정화T]

우선 점 P가 점 $(x,\ y)$에서 $(x+2,\ y+1)$로 이동할 확률은 $\frac{2}{3}$이고

점 $(x,\ y)$에서 $(x+1,\ y+2)$로 이동할 확률은 $\frac{1}{3}$이다.

10번의 시행 중 3이상의 눈이 Y번 나왔을 때 점 P의 좌표를 구하면 $(2\mathrm{Y}+10-\mathrm{Y}\ ,\ \mathrm{Y}+2(10-\mathrm{Y}))$이므로 $a = \mathrm{Y}+10$이고,

$b = 20 - \mathrm{Y}$이다,

따라서 $\mathrm{X} = 2\mathrm{Y} - 10$이다.

또한 확률변수 Y는 이항분포 $\mathrm{B}\left(10\ ,\ \frac{2}{3}\right)$을 만족하므로

$\mathrm{E(Y)} = 10 \times \frac{2}{3} = \frac{20}{3}$, $\mathrm{V(Y)} = 10 \times \frac{2}{3} \times \frac{1}{3} = \frac{20}{9}$이다.

따라서 $\mathrm{E(X)} = \mathrm{E}(2\mathrm{Y}-10) = 2\mathrm{E(Y)} - 10 = \frac{40}{3} - 10 = \frac{10}{3}$이고

$\mathrm{V(X)} = \mathrm{V}(2\mathrm{Y}-10) = 4\mathrm{V(Y)} = \frac{80}{9}$이다,

$\therefore\ \mathrm{E(X)} + \mathrm{V(X)} = \frac{110}{9}$

$p = 9$, $q = 110$이므로 $p + q = 119$이다.

30) 정답 193

[출제자 : 이소영T]

[검토자 : 조남웅T]

동전을 3번 던져 앞면이 나온 횟수를 a, 주머니에서 한 개의 공을 꺼낸 수를 b라 하고 앞면이 나온 횟수 a가 주머니에서 꺼낸 공 b의 약수인 사건을 A라 하자.

사건 A가 일어나려면 $a = 1$, $a = 2$, $a = 3$이 되어야 한다.

$a = 1$이라면 1은 모든 수의 약수이므로 $b = 1$부터 10까지 모두 가능하다.

$\rightarrow\ {}_3\mathrm{C}_1\left(\frac{1}{2}\right)^3 \times \frac{10}{10} = \frac{3}{8}$

$a = 2$라면 2는 짝수의 약수이므로 b=2, 4, 6, 8, 10이 가능하다.

$\rightarrow\ {}_3\mathrm{C}_2\left(\frac{1}{2}\right)^2\left(\frac{1}{2}\right) \times \frac{5}{10} = \frac{3}{16}$

$a = 3$이라면 3은 3배수의 약수이므로 $b = 3$, 6, 9가 가능하다.

$\rightarrow\ {}_3\mathrm{C}_3\left(\frac{1}{2}\right)^3 \times \frac{3}{10} = \frac{3}{80}$

$\mathrm{P}(A) = \frac{3}{8} + \frac{3}{16} + \frac{3}{80} = \frac{48}{80} = \frac{3}{5}$

또한, 이 시행을 4번 반복하는 동안 사건 A가 일어난 횟수를 c라 하면 사건 A가 일어나지 않은 횟수는 $4-c$가 된다. 사건 A가 1번 일어나면 좌표는 $(+2, +1)$이므로 c번 일어나면 좌표는 $(2c, c)$가 되고, 사건 A가 일어나지 않은 경우 좌표는 $(-1, -2)$만큼 이동하므로 $4-c$번 일어나면 좌표는 $(c-4, 2c-8)$이 된다. 따라서 최종 P의 위치는 $(3c-4,\ 3c-8)$이된다.

이때 중심이 $(2,1)$이고 반지름이 6인 원 경계 또는 내부에 있기 위해서는 $(2,1)$과 $(3c-4,\ 3c-8)$의 거리가 반지름 6이하가 되어야 하므로

$(3c-6)^2 + (3c-9)^2 \le 36$

$(c-2)^2 + (c-3)^2 \le 4$

c는 4번 중 사건 A가 일어난 횟수이므로 0 또는 4이하의 자연수이다.

$c = 2$ 또는 $c = 3$일 때 부등식이 성립하므로

${}_4\mathrm{C}_2\left(\frac{3}{5}\right)^2\left(\frac{2}{5}\right)^2 + {}_4\mathrm{C}_3\left(\frac{3}{5}\right)^3\left(\frac{2}{5}\right) = \frac{216}{625} + \frac{216}{625} = \frac{432}{625}$이다.

$p = 625$, $q = 432$이므로 $p - q = 193$이다.

미적분

[출제자 : 황보백 T]

23) 정답 ②

[검토자 : 강동희T]

$f'(x)=2xe^x+(x^2+1)e^x$

$=(x+1)^2e^x$

$f'(0)=1$

24) 정답 ③

[검토자 : 강동희T]

$$\lim_{x\to-1+}f(x)=\lim_{x\to-1+}(2+x)^{\frac{1}{1+x}}=\lim_{t\to0+}(1+t)^{\frac{1}{t}}=e$$

한편, $\ln f(x)=\dfrac{\ln(2+x)}{1+x}$에서 양변 미분하면

$\dfrac{f'(x)}{f(x)}=\dfrac{\dfrac{1+x}{2+x}-\ln(2+x)}{(1+x)^2}$이고 $f(0)=2$이므로

$\dfrac{f'(0)}{f(0)}=\dfrac{\dfrac{1}{2}-\ln2}{1}$

따라서 $f'(0)=1-2\ln2$

따라서

$$\frac{\lim\limits_{x\to-1+}f(x)}{e}-f'(0)=1-(1-2\ln2)=2\ln2=\ln4$$

25) 정답 ②

[출제자 : 정일권T]

[검토자 : 강동희T]

수열 $\{a_n\}$이 공차가 2이고 초항이 4인 등차수열이므로

$a_n=2n+2$이고

$\displaystyle\sum_{k=1}^{n}\frac{(b_n)^2}{a_n}=n^2+3n+5$에서

양변에 $n=1$을 대입하면

$\dfrac{(b_1)^2}{a_1}=9$

$b_1=6$

양변에 $n(\geq2)$에 $n-1$을 대입하여 빼면

$\dfrac{(b_n)^2}{a_n}=n^2+3n+5-\{(n-1)^2+3(n-1)+5\}\ (n\geq2)$

$=2n+2$

$(b_n)^2=(2n+2)(2n+2)$

$b_n=2n+2\ (n\geq2),\ b_1=6$

$$\lim_{n\to\infty}\frac{(a_n)^2}{b_nb_{2n}}=\lim_{n\to\infty}\frac{(2n+2)^2}{(2n+2)(4n+2)}$$

$$=\lim_{n\to\infty}\frac{2n+2}{4n+2}$$

$$=\frac{1}{2}$$

26) 정답 ②

[검토자 : 강동희T]

$x=t^2+\dfrac{1}{t},\ y=4\sqrt{2t}$에서

$\dfrac{dx}{dt}=2t-\dfrac{1}{t^2},\ \dfrac{dy}{dt}=\dfrac{2\sqrt{2}}{\sqrt{t}}$이므로

점 P의 시각 t에서의 속력은

$$\sqrt{\left(\frac{dx}{dt}\right)^2+\left(\frac{dy}{dt}\right)^2}=\sqrt{\left(2t-\frac{1}{t^2}\right)^2+\left(\frac{2\sqrt{2}}{\sqrt{t}}\right)^2}$$

$$=\sqrt{4t^2+\frac{4}{t}+\frac{1}{t^4}}$$

$$=\sqrt{\left(2t+\frac{1}{t^2}\right)^2}$$

$$=2t+\frac{1}{t^2}\ (\because\ t>0)$$

이다.

이때, $f(t)=2t+\dfrac{1}{t^2}$이라 하면 $f'(t)=2-\dfrac{2}{t^3}$이고, $t=1$의 좌우에서 $f'(t)$의 부호가 음에서 양으로 바뀌므로 함수 $f(t)$는 $t=1$에서 최솟값을 갖는다.

$\therefore\ p=1$

따라서 시각 $t=p$에서 $t=2p$까지 점 P가 움직인 거리는

$$\int_1^2\sqrt{\left(\frac{dx}{dt}\right)^2+\left(\frac{dy}{dt}\right)^2}\,dt=\int_1^2\left(2t+\frac{1}{t^2}\right)dt$$

$$=\left[t^2-\frac{1}{t}\right]_1^2$$

$$=\frac{7}{2}$$

이다.

27) 정답 ①

[검토자 : 이지훈T]

직선 $x=t\ (0\leq t\leq a)$를 포함하고 x축에 수직인 평면으로 자른 단면의 넓이를 $S(t)$라 하면

$$S(t)=\begin{cases}(8t+1) & (0\leq t\leq1)\\ \dfrac{9}{t^3} & (1<t\leq a)\end{cases}$$

구하는 입체도형의 부피를 $g(a)$라 하면

$g(a)=\int_0^a S(t)\,dt=\int_0^1 (8t+1)dt+\int_1^a \frac{9}{t^3}dt$

$=\left[\,4t^2+t\,\right]_0^1+\left[-\frac{9}{2t^2}\right]_1^a$

$=5-\frac{9}{2a^2}+\frac{9}{2}=-\frac{9}{2a^2}+\frac{19}{2}$

따라서

$\int_1^3 ag(a)\,da$

$=\int_1^3\left(-\frac{9}{2a}+\frac{19}{2}a\right)da$

$=\left[-\frac{9}{2}\ln a+\frac{19}{4}a^2\right]_1^3$

$=-\frac{9}{2}\ln 3+38$

이다.

28) 정답 ⑤

[그림 : 서태욱T]

[검토자 : 이지훈T]

모든 양의 실수 x에 대하여 부등식 $x^2 \geq x\tan\theta-t$가 성립하도록 하는 θ의 최댓값은 곡선 $y=x^2$ $(x>0)$과 직선 $y=x\tan\theta-t$가 접하도록 하는 θ의 값이다.

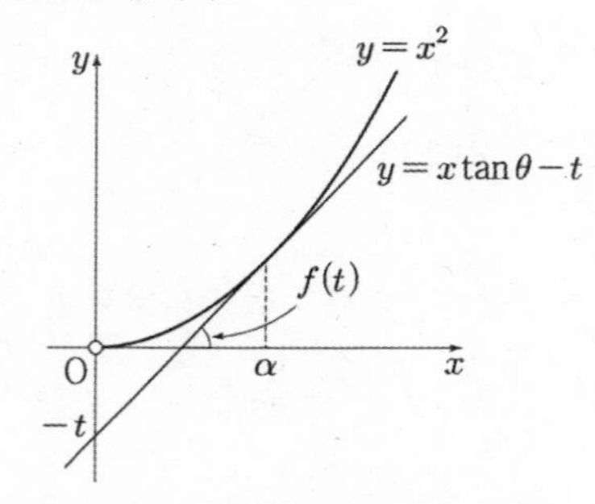

이때, $g(x)=x^2$이라 하면 $g'(x)=2x$이므로 곡선 $y=x^2$ $(x>0)$이 직선 $y=x\tan\theta-t$와 접하는 점의 x좌표를 α $(\alpha>0)$이라 하면

$\tan f(t)=g'(\alpha)=2\alpha$ …… ㉠

이다.

한편 곡선 $y=g(x)$ $(x>0)$위의 점 $(\alpha,\ g(\alpha))$에서의 접선의 방정식은 $y=2\alpha(x-\alpha)+\alpha^2$

이고 직선이 점 $(0,\ -t)$를 지날 때, $-t=-\alpha^2$에서 $\alpha^2=t$이므로

$\alpha=\sqrt{t}$ …… ㉡

이다.

따라서 ㉠, ㉡에 의해 $\tan f(t)=2\sqrt{t}$이다.

등식 $\tan f(t)=2\sqrt{t}$의 양변을 t에 대하여 미분하면

$f'(t)\sec^2 f(t)=\frac{1}{\sqrt{t}}$이므로

$f'(4)\sec^2 f(4)=\frac{1}{2}$에서 $\frac{1}{f'(4)}=2\sec^2 f(4)$이다.

한편, $\tan f(t)=2\sqrt{t}$에서 $\tan f(4)=4$이므로

$\frac{1}{f'(4)}=2\sec^2 f(4)=2\{1+\tan^2 f(4)\}=34$이다.

29) 정답 3

[출제자 : 이소영T]

[그림 : 서태욱T]

[검토자 : 조남웅T]

$\int_0^{\alpha} h(x)f'(x)\,dx=0$이므로

$\int_0^{\alpha}\frac{f'(x)\cos f(x)}{2+\sin f(x)}dx=0$이다.

$\sin f(x)=X$라 하면

$\int_{\sin f(0)}^{\sin f(\alpha)}\frac{1}{2+X}dX=0$이다.

$\sin f(\alpha)=\sin f(0)=\sin 0$이므로 $f(\alpha)=n\pi$ (n은 정수)이다.

$h'(x)=g'(f(x))f'(x)$인데 $x=\alpha_2$와 $x=\alpha_4$에서 극값을 가지므로

$h'(\alpha_2)=0,\ h'(\alpha_4)=0$임을 알 수 있다.

$h'(\alpha_2)=g'(f(\alpha_2))f'(\alpha_2)=0$이므로 $g'(n\pi)f'(\alpha_2)=0$에서 함수

$g'(n\pi)=-1$이므로 $f'(\alpha_2)=0$이 된다.

마찬가지로 $f'(\alpha_4)=0$임을 알 수 있다.

따라서 함수 $f(x)$의 그래프는 그림과 같다.

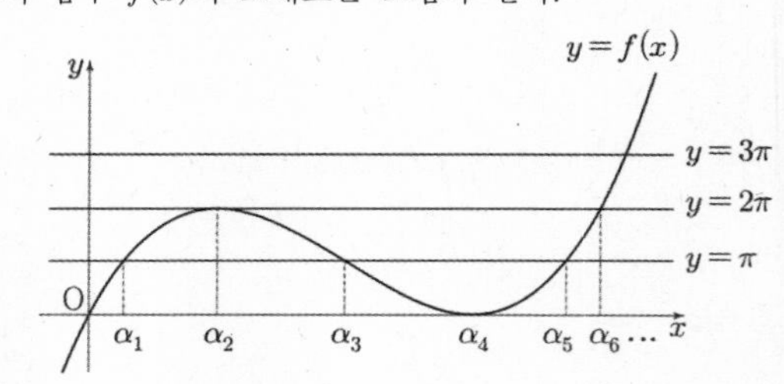

$\alpha_4=1$이므로 $f(\alpha_4)=f(1)=0$

$f(x)=kx(x-1)^2$

$\alpha_4=1$이므로 비율관계에 의하여 $\alpha_2=\frac{1}{3}$이다.

$x=\frac{1}{3}$일 때 $f(x)=2\pi$이므로 $2\pi=\frac{1}{3}k\cdot\frac{4}{9}$

$k=\frac{27}{2}\pi$이다.

따라서 $f(x)=\frac{27}{2}\pi x(x-1)^2$이다.

$\alpha_6=\frac{4}{3}$, $f(\alpha_8)=4\pi$이므로 $\frac{f(\alpha_8)}{\pi\alpha_6}=4\pi\times\frac{3}{4\pi}=3$이다.

30) **정답** 15

[검토자 : 황보성호T]

등비수열 $\{a_n\}$의 첫째항을 a, 공비를 r이라 하면 조건 (가)에

의하여 $\frac{a}{1-r}=2$ ……㉠

수열 $\left\{\frac{a_n}{b_n}\right\}$은 모든 자연수 n에 대하여

$$\frac{a_n}{b_n}=\begin{cases}1 & (|a_n|<\alpha)\\ -\frac{{a_n}^2}{3} & (|a_n|\ge\alpha)\end{cases}$$

모든 자연수 n에 대하여 $|a_n|<\alpha$라 하면 $\sum_{n=1}^{m}\frac{a_n}{b_n}=\sum_{n=1}^{m}1=m$의

값이 최소가 되도록 하는

자연수 m의 값은 1이므로 조건 (나)에 의하여

$\sum_{n=1}^{1}b_n=\sum_{n=1}^{1}a_n=a=-11$

㉠에 의하여 $r=\frac{13}{2}>1$이므로 $\sum_{n=1}^{\infty}a_n$이 수렴한다는 조건을

만족시키지 않는다.

그러므로 $|a_k|\ge\alpha$, $|a_{k+1}|<\alpha$인 자연수 k가 존재한다.

$1\le n\le k$일 때, $\frac{a_n}{b_n}=-\frac{{a_n}^2}{3}<0$

$n\ge k+1$일 때, $\frac{a_n}{b_n}=1>0$

그러므로 $\sum_{n=1}^{m}\frac{a_n}{b_n}$의 값이 최소가 되도록 하는 자연수 m은 k이고

$\sum_{n=k+1}^{\infty}b_n=\sum_{n=k+1}^{\infty}a_n=\frac{ar^k}{1-r}=-\frac{1}{16}$

㉠에 의하여 $r^k=-\frac{1}{32}$ …… ㉡

$$\sum_{n=1}^{k}b_n=\sum_{n=1}^{k}\left(-\frac{3}{a_n}\right)=\sum_{n=1}^{k}\left\{-\frac{3}{a}\left(\frac{1}{r}\right)^{n-1}\right\}$$

$$=\frac{-\frac{3}{a}\left\{1-\left(\frac{1}{r}\right)^k\right\}}{1-\frac{1}{r}}=-11$$

$r^k=-\frac{1}{32}$이므로 $\frac{-\frac{3}{a}(1+32)}{1-\frac{1}{r}}=-11$

$-\frac{99}{a}=-11\left(\frac{r-1}{r}\right)$

㉠에서 $a=2-2r$이므로

$\frac{9}{2(1-r)}=\frac{r-1}{r}$

$9r=-2r^2+4r-2$

$2r^2+5r+2=0$

$(2r+1)(r+2)=0$

$-1<r<1$이므로

$\therefore\ r=-\frac{1}{2}$

따라서 $a=3$

㉡에서 $k=p=5$이다.

따라서 $a_1\times p=3\times5=15$이다.

기하

[출제자 : 황보백T]

23) **정답** ⑤

[검토자 : 백상민T]

24) **정답** ④

[검토자 : 백상민T]

포물선 $(y-4)^2=k(x-3)$의 그래프는 포물선 $y^2=kx$를 x축의 방향으로 3만큼, y축의 방향으로 4만큼 평행이동한 것이다.

$y^2=kx$의 초점의 좌표는 $\left(\frac{k}{4},\ 0\right)$이므로

$(y-4)^2=k(x-3)$의 초점의 좌표는 $\left(\frac{k}{4}+3,\ 4\right)$

따라서 $\left(\frac{k}{4}+3,\ 4\right)=(6,\ 4)$에서 $k=12$

$y^2=kx$의 준선은 $x=-\frac{k}{4}$이므로

$(y-4)^2=k(x-3)$의 준선은 $x=-\frac{k}{4}+3=-3+3=0$

따라서 $a=0$이므로 $a+k=12$

25) **정답** ②

[검토자 : 백상민T]

타원방정식에서 초점의 좌표를 구하면 F(4, 0), F′(−4, 0)이고 반지름의 길이가 5인 원은 두 초점을 지나게 된다.

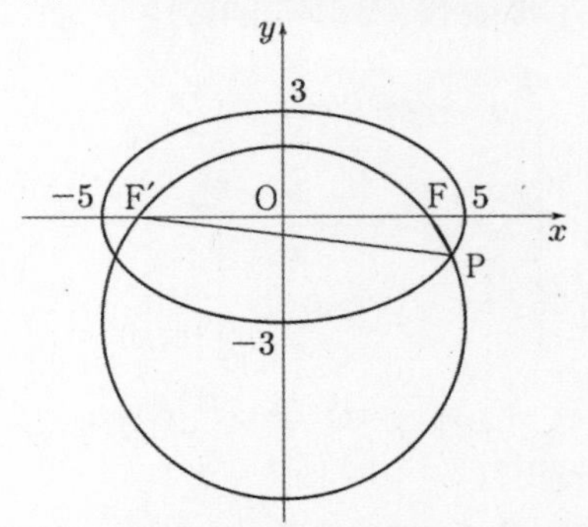

점 P가 타원 위의 점이므로 $\overline{\mathrm{PF'}}=a$, $\overline{\mathrm{PF}}=b$, $\angle\mathrm{FPF'}=\theta$라 하면,

타원의 정의에 의하여

$a+b=10$

삼각형 PFF′의 사인법칙에 의하여

$\dfrac{\overline{\mathrm{FF}'}}{\sin\theta}=10 \rightarrow \sin\theta=\dfrac{4}{5}$

삼각형 PFF′의 코사인법칙에 의하여

$8^2=a^2+b^2-2ab\times\dfrac{3}{5}\ \left(\because\ \cos\theta=\sqrt{1-\sin^2\theta}=\dfrac{3}{5}\right)$

$64=(a+b)^2-2ab-\dfrac{6}{5}ab$

$\therefore\ ab=\dfrac{45}{4}$

(삼각형 PFF′의 넓이)

$=\dfrac{1}{2}\times a\times b\times sin\theta$

$=\dfrac{1}{2}\times\dfrac{45}{4}\times\dfrac{4}{5}$

$=\dfrac{9}{2}$

26) 정답 ②

[검토자 : 김영식T]

구의 방정식을 정리하면 $(x-2)^2+(y-3)^2+(z+1)^2=4^2$

구의 중심의 좌표는 (2, 3, −1), 구의 반지름은 4

zx평면으로 구를 자른 단면은 $y=0$일 때이므로

$x^2+z^2-4x+2z-2=0$

원기둥의 밑면의 반지름은 $\sqrt{7}$, 원기둥의 밑면의 넓이는 7π

원기둥의 높이는 피타고라스 정리를 이용하여

(원기둥의 높이)$\times\dfrac{1}{2}=\sqrt{4^2-(\sqrt{7})^2}=\sqrt{16-7}=\sqrt{9}=3$

따라서 원기둥의 높이는 6.

원기둥의 부피는 $6\times7\pi=42\pi$

27) 정답 ②

[검토자 : 김영식T]

$|\vec{a}\cdot\vec{b}|\le2 \rightarrow -2\le\vec{a}\cdot\vec{b}\le2$이므로

만족하는 점 B의 영역은 그림과 같다.

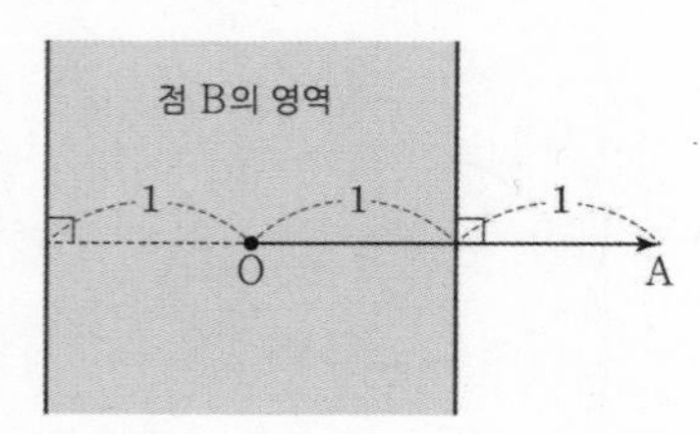

$\vec{a}+\vec{b}$의 의미는 점 B의 영역의 영역을 $\vec{a}$의 방향으로 2만큼 평행이동한 것이다.

$|\vec{a}+\vec{b}|\le\sqrt{2}$의 의미는 점 O로부터 거리가 $\sqrt{2}$이내의 점들을 나타낸다.

따라서 만족하는 영역을 나타내면 그림과 같다.

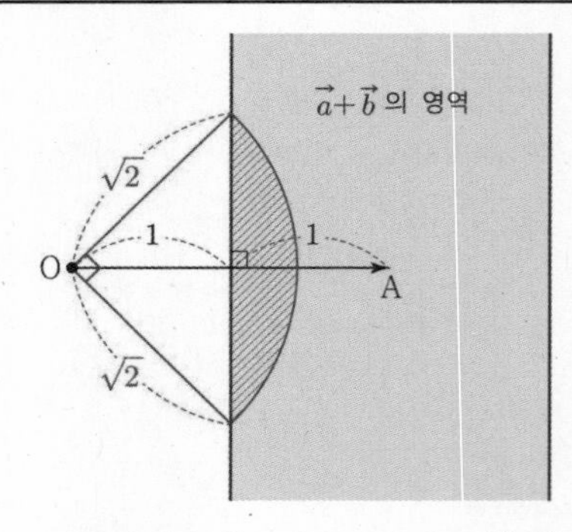

점 O로부터 반지름의 길이가 $\sqrt{2}$인 원과 점 $\vec{a}+\vec{b}$의 영역의 공통부분을 구하면 사분원에서 직각삼각형의 넓이를 빼면

$\dfrac{\sqrt{2}^2}{4}\pi-\dfrac{1}{2}\times\sqrt{2}\times\sqrt{2}=\dfrac{\pi}{2}-1$ 이다.

28) 정답 ④

[출제자 : 김수T]

[그림 : 강민구T]

[검토자 : 김종렬T]

점 A를 원점으로 하고 그림과 같이 x축과 평행한 원점에서의 거리가 d인 직선을 생각하자. 이 때 점 A를 중심으로 하고 반지름이 5인 원과 직선과의 교점이 두 점 B와 C이다.

B와 C의 중점을 M이라 하고 모든 점을 좌표화해서 생각하자.

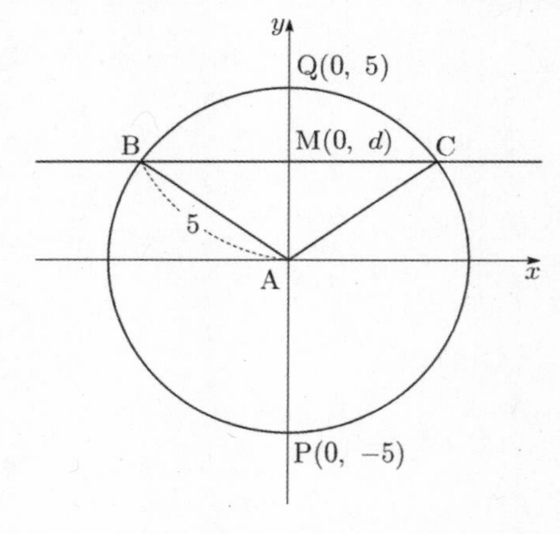

이 때, $\mathrm{B}\left(-\sqrt{5^2-d^2},d\right)$, $\mathrm{C}\left(\sqrt{5^2-d^2},d\right)$이라 하면 $\mathrm{M}(0,d)$이다.

원 위의 점 P에서 $|\overrightarrow{\mathrm{PA}}+\overrightarrow{\mathrm{PB}}|$의 최댓값은 $\mathrm{P}(0,-5)$일 때 $2|\overrightarrow{\mathrm{PM}}|=16$이다.

따라서 $|\overrightarrow{\mathrm{PM}}|=5+d=8$이므로 $d=3$이다.

또한 $|\overrightarrow{\mathrm{QA}}+\overrightarrow{\mathrm{QB}}|$의 최솟값은 점 Q의 좌표가 $(0,5)$일 때 이고 최솟값 $k=2|\overrightarrow{\mathrm{QM}}|=4$이고 $d\times k=3\times4=12$

29) 정답 32
[출제자 : 김종렬T]
[그림 : 배용제T]
[검토자 : 김수T]

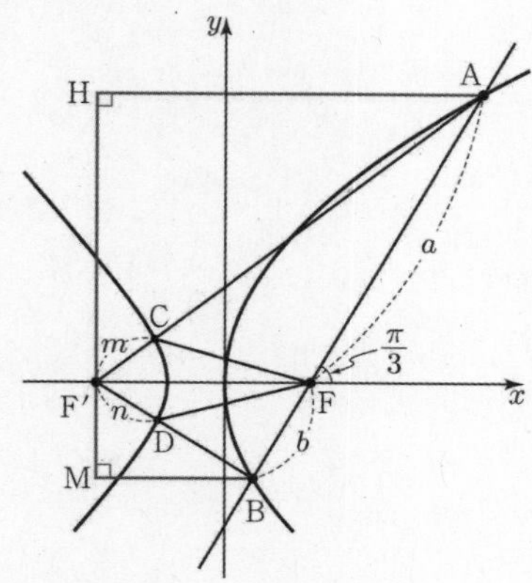

쌍곡선 $\frac{x^2}{4}-\frac{y^2}{5}=1$ 에서 $\sqrt{4+5}=3$ 이므로 $F'(-3,\ 0)$ 이고,
포물선 $y^2=12x$ 의 초점은 $F(3,\ 0)$ 이다. 또한 점 A 에서 포물선 $y^2=12x$ 의 준선 $x=-3$ 에 내린 수선의 발을 H 라 하고 점 B 에서 내린 수선의 발을 M 이라고 하자.
이때, $\overline{AF}=a$, $\overline{BF}=b$ 이라 하면 포물선의 정의에 의해 $\overline{AH}=a$, $\overline{BM}=b$ 이다.
사다리꼴 ABMH 에서 $\overline{FF'}=6=\frac{2ab}{a+b}$ 이고 선분 AB가 x축의 양의 방향과 이루는 각이 $\frac{\pi}{3}$ 이므로 $a=3b$ 이다.
따라서 $a=12$, $b=4$ 이고
$\overline{HM}=\sqrt{(a+b)^2-(a-b)^2}=2\sqrt{ab}=8\sqrt{3}$ 이다.
또한 $\overline{HF'}:\overline{MF'}=a:b=3:1$ 이고
$\overline{HF'}=6\sqrt{3}$, $\overline{MF'}=2\sqrt{3}$ 이므로 피타고라스의 정리에 의해 $\overline{AF'}=6\sqrt{7}$, $\overline{BF'}=2\sqrt{7}$ 이다.
$\overline{F'C}=m$, $\overline{F'D}=n$ 이라 하면,
$\overline{AC}=6\sqrt{7}-m$, $\overline{BD}=2\sqrt{7}-n$ 이고 쌍곡선의 정의에 의해 $\overline{CF}=m+4$, $\overline{DF}=n+4$ 이므로 삼각형 ACF 의 둘레의 길이는
$a+(6\sqrt{7}-m)+(m+4)=16+6\sqrt{7}$ 이고
삼각형 BFD 의 둘레의 길이는
$b+(2\sqrt{7}-n)+(n+4)=8+2\sqrt{7}$ 이다.
그러므로 두 삼각형 ACF ,BFD 의 둘레의 길이의 합은
$(16+6\sqrt{7})+(8+2\sqrt{7})=24+8\sqrt{7}$ 이다.
$\therefore\ p+q=32$

30) 정답 24
[출제자 : 이호진T]
[검토자 : 김진성T]
두 평면 α, β의 교선을 l이라 하였을 때,
주어진 공간을 직선 OA를 포함하는 평면으로 잘라서 관찰하면 아래 그림과 같고, 이때, 점 A의 평면 α로의 수선의 발을 A′이라 하자.

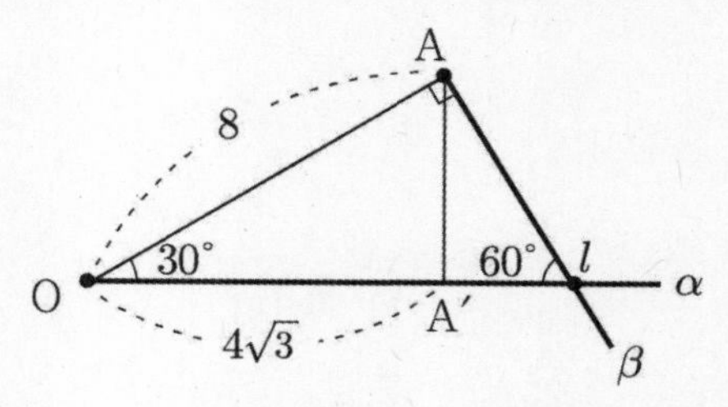

또한, 점 P는 $\angle AOP=60°$ 를 만족시키므로 삼각형 AOP는 정삼각형이고, 중심이 선분 OA의 중점이고, 반지름이 $4\sqrt{3}$인 원 위의 점이므로 아래와 같이 나타낼 수 있다.

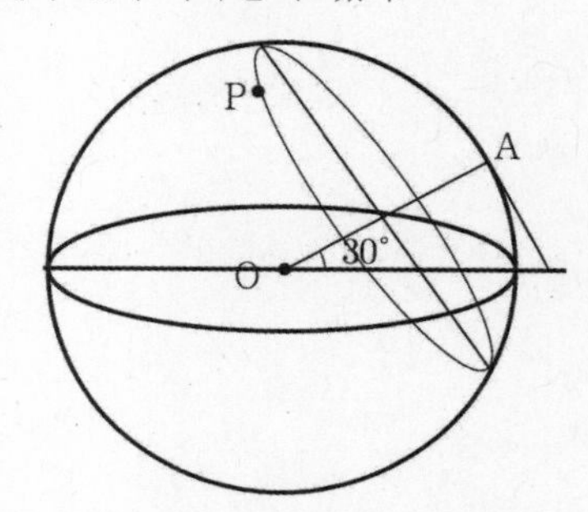

이때, 평면 AOP와 평면 α가 이루는 예각의 크기가 최소일 때는, 삼각형 AOP의 평면 α로의 정사영의 넓이가 최대일 때이므로,
정사영의 꼭짓점을 OA′P′이라 하였을 때, 선분 OA′를 밑변으로 고려하였을 때, 높이가 최대가 될 때는 P가 반지름이 $4\sqrt{3}$인 원 위의 점이므로 $\frac{1}{2}\times4\sqrt{3}\times4\sqrt{3}=24$이다.

랑데뷰☆수학 모의고사 - 시즌2 제3회

공통과목

1	⑤	2	②	3	③	4	③	5	②
6	⑤	7	②	8	②	9	②	10	①
11	②	12	②	13	⑤	14	②	15	②
16	10	17	4	18	56	19	81	20	1
21	148	22	364						

확률과 통계

23	①	24	②	25	①	26	④	27	④
28	⑤	29	369	30	42				

미적분

23	④	24	①	25	③	26	②	27	①
28	⑤	29	5	30	4				

기하

23	⑤	24	①	25	③	26	①	27	④
28	④	29	17	30	176				

랑데뷰☆수학 모의고사 - 시즌2 제3회 풀이

[출제자 : 황보백T]

공통과목

1) 정답 ⑤

[검토자 : 김상호T]

$5^{\log_3 6} \times \left(\frac{1}{5}\right)^{\log_3 2}$

$= 5^{\log_3 6} \times 5^{-\log_3 2}$

$= 5^{\log_3 6 - \log_3 2}$

$= 5^{\log_3 \frac{6}{2}} = 5$

2) 정답 ②

[검토자 : 김상호T]

$\lim_{x\to 1}\frac{x^2+4x-5}{x-1} = \lim_{x\to 1}\frac{(x-1)(x+5)}{x-1} = \lim_{x\to 1}(x+5) = 6$

3) 정답 ③

[검토자 : 김상호T]

$\int_0^1 f(x)dx - \int_2^1 f(x)dx$

$= \int_0^1 f(x)dx + \int_1^2 f(x)dx$

$= \int_0^2 f(x)dx = \int_0^2 (3x^2+2x)dx$

$= [x^3+x^2]_0^2 = 2^3+2^2 = 12$

4) 정답 ③

[검토자 : 김상호T]

$\sum_{k=1}^{10} a_k + \sum_{k=1}^{10} b_k = (a_1+a_2+\cdots+a_{10}) + (b_1+b_2+\cdots+b_{10})$

$= \frac{10(a_1+a_{10})}{2} + \frac{10(b_1+b_{10})}{2}$

$= 5(a_1+a_{10}) + 5(b_1+b_{10})$

$= 5\{(a_1+b_1)+(a_{10}+b_{10})\}$

$= 5(10+20) = 150$

5) 정답 ②

[출제자 : 오세준T]

[검토자 : 김상호T]

$\left(-\frac{1}{2}x+1\right)f(x) = (x^2+x-6)\left(\frac{1}{2}x-a\right)$

$(x-2)f(x) = -(x+3)(x-2)(x-2a)$

$x \neq 2$이면 $f(x) = -(x+3)(x-2a)$

이때 함수 $f(x)$가 실수 전체의 집합에서 연속이면

$x=2$에서도 연속이므로

$f(2) = \lim_{x\to 2} f(x)$

$= \lim_{x\to 2} -(x+3)(x-2a)$

$= -5(2-2a)$

$-5(2-2a) = 10$이므로 $a=2$

6) 정답 ⑤

[검토자 : 한정아T]

$\log_{c^2} a : \log_c \sqrt{b} = 3 : 2$

⇨ $\frac{1}{2}\log_c a : \frac{1}{2}\log_c b = 3 : 2$

⇨ $3\log_c b = 2\log_c a$

⇨ $\frac{\log_c b}{\log_c a} = \frac{2}{3}$

$\therefore \log_a b = \frac{2}{3}$

따라서 $\log_b a=\frac{3}{2}$

$\log_a b+\log_b a=\frac{2}{3}+\frac{3}{2}=\frac{13}{6}$

7) 정답 ②

[출제자 : 최성훈T]

[검토자 : 한정아T]

$y=k(x-a)(x-a-1)$의 그래프를 x축으로 $-a$만큼 평행이동하여 $y=kx(x-1)$와 x축으로 둘러싸인 부분의 넓이를 찾아보자.

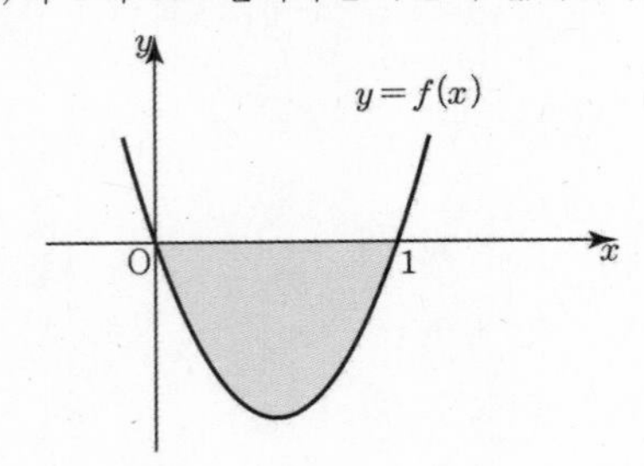

$\frac{|k|}{6}(1-0)^3=\frac{1}{2}$, $k>0$이므로 $k=3$이다.

같은 방법으로 $y=\{f(x)\}^2=9(x-a)^2(x-a-1)^2$의 그래프를 x축으로 $-a$만큼 평행이동하여 $y=9x^2(x-1)^2$와 x축으로 둘러싸인 부분의 넓이를 찾아보자.

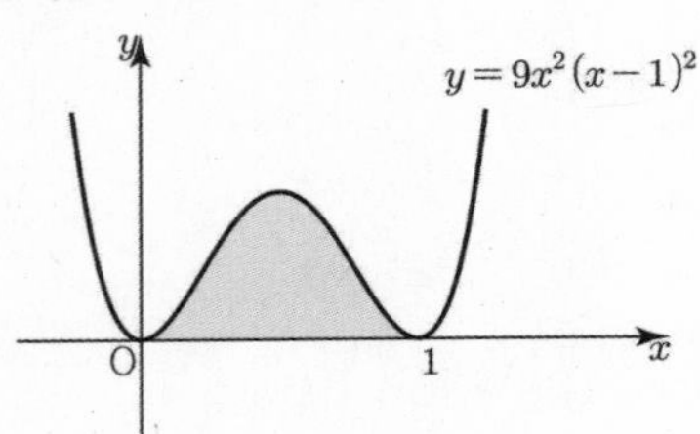

$\int_0^1 9x^2(x-1)^2dx=9\int_0^1(x^4-2x^3+x^2)dx$

$=9\left[\frac{1}{5}x^5-\frac{1}{2}x^4+\frac{1}{3}x^3\right]_0^1$

$=9\times\frac{1}{30}=\frac{3}{10}$

8) 정답 ②

[검토자 : 최현정T]

$\sum_{k=1}^{n}(k+2)a_k=\frac{1}{n+1}$의 양변에 $n=1$을 대입하면

$3a_1=\frac{1}{2}$에서 $a_1=\frac{1}{6}$이다.

$\sum_{k=1}^{n}(k+2)a_k=\frac{1}{n+1}$에서 $n=n-1$을 대입하면

$\sum_{k=1}^{n-1}(k+2)a_k=\frac{1}{n}$ $(n\geq 2)$

$(n+2)a_n=\frac{1}{n+1}-\frac{1}{n}=-\frac{1}{n(n+1)}$

$a_n=-\frac{1}{n(n+1)(n+2)}$ $(n\geq 2)$, $a_1=\frac{1}{6}$

따라서

$\sum_{n=1}^{8}a_n$

$=a_1-\sum_{n=2}^{8}\frac{1}{n(n+1)(n+2)}$

$=\frac{1}{6}-\frac{1}{2}\sum_{n=2}^{8}\left\{\frac{1}{n(n+1)}-\frac{1}{(n+1)(n+2)}\right\}$

$=\frac{1}{6}-\frac{1}{2}\left(\frac{1}{6}-\frac{1}{90}\right)=\frac{1}{6}-\frac{7}{90}=\frac{8}{90}=\frac{4}{45}$

9) 정답 ②

[검토자 : 김가람T]

삼각형 ABC의 무게중심의 좌표는

$\left(\frac{\log_3 8+\log_3 5+a}{3},\ \frac{3a-\log_2 8}{3}\right)$

$=\left(\frac{3\log_3 2+\log_3 5+a}{3},\ a-\log_3 2\right)=\left(\frac{\log_3 5}{3},\ 2b\right)$이다.

x좌표를 비교하면 $a=-3\log_3 2$

y좌표를 비교하면 $b=-2\log_3 2$

따라서 $3^{b-a}=3^{\log_3 2}=2$이다.

10) 정답 ①

[검토자 : 김경민T]

(가)에서 $f(x)=x^3(x-\alpha)$이다.

(나)에서 $f(x)g(x)=x^4(x-\alpha)^2$이다.

$h(x)=f(x)g(x)$라 할 때, 함수 $h(x)$는 $x=\frac{4\alpha+0}{4+2}=\frac{2}{3}\alpha$에서 극댓값을 갖는다.**[랑데뷰 세미나(93)참고]**

따라서 $\beta=\frac{2}{3}\alpha$이고

$h(\beta)=h\left(\frac{2}{3}\alpha\right)=\frac{16}{81}\alpha^4\times\frac{1}{9}\alpha^2=\frac{16}{729}\alpha^6=16$

$\alpha^6=3^6$에서 $\alpha=3$이다.

그러므로 $\beta=2$이다.

$\alpha\times\beta=6$이다.

11) 정답 ②

[검토자 : 김경민T]

(나)에서

$a_6=a_8-2d=16-2d$

$b_4=b_7\times\frac{1}{r^3}=\frac{16}{r^3}$, $b_9=b_7\times r^2=16r^2$이므로

(다)에서

$16-2d+\frac{16}{r^3}=16r^2$

$8-d+\frac{8}{r^3}=8r^2$ …… ㉠

d와 r이 정수이므로 $\frac{8}{r^3}$의 값도 정수이어야 한다.

(가)에서 $r=2$ 또는 $r=-2$이다.

(i) $r=2$일 때,
㉠에서 $8-d+1=32$
$d=9-32=-23$

(ii) $r=-2$일 때,
㉠에서 $8-d-1=32$
$d=7-32=-25$
그러므로 $a_9+b_8=a_8+d+b_7\times r=16(1+r)+d$에서
$r=2,\ d=-23$일 때, $a_9+b_8=48-23=25$
$r=-2,\ d=-25$일 때, $a_9+b_8=-16-25=-41$

따라서 최댓값은 25, 최솟값은 -41이다.
최댓값과 최솟값의 합은 -16이다.

12) 정답 ②

[검토자 : 백상민T]

점 P의 $t=2$에서의 위치는

$\int_0^2\left(2t-\frac{3}{2}\right)dt=\left[t^2-\frac{3}{2}t\right]_0^2=1$

이다.

$v_2(t)=t^2-at=t(t-a)=0$에서 $v_2(t)=0$인 t의 값은 $t=a$이다.

(i) $a\le 0$일 때,
점 Q가 $t=0$에서 $t=2$까지 움직인 거리는

$\int_0^2|t^2-at|dt$

$=\int_0^2(t^2-at)dt$

$=\left[\frac{1}{3}t^3-\frac{a}{2}t^2\right]_0^2$

$=\frac{8}{3}-2a=1$

$\therefore\ a=\frac{5}{6}$ (모순)

(ii) $a\ge 2$일 때,
점 Q가 $t=0$에서 $t=2$까지 움직인 거리는

$\int_0^2|t^2-at|dt$

$=\int_0^2(-t^2+at)dt$

$=\left[-\frac{1}{3}t^3+\frac{a}{2}t^2\right]_0^2$

$=-\frac{8}{3}+2a=1$

$\therefore\ a=\frac{11}{6}$ (모순)

(iii) $0<a<2$일 때,
점 Q가 $t=0$에서 $t=2$까지 움직인 거리는

$\int_0^2|t^2-at|dt$

$=\int_0^a(-t^2+at)dt+\int_a^2(t^2-at)dt$

$=\left[-\frac{1}{3}t^3+\frac{a}{2}t^2\right]_0^a+\left[\frac{1}{3}t^3-\frac{a}{2}t^2\right]_a^2$

$=-\frac{a^3}{3}+\frac{a^3}{2}+\frac{8}{3}-2a-\frac{a^3}{3}+\frac{a^3}{2}$

$=\frac{a^3}{3}-2a+\frac{8}{3}=1$

$a^3-6a+5=0$

$(a-1)(a^2+a-5)=0$

$a=1$ 또는 $a=\frac{-1+\sqrt{21}}{2}$

(i), (ii), (iii)에서 a의 값은 1 또는 $a=\frac{-1+\sqrt{21}}{2}$이다.

가능한 모든 a의 값의 합은 $\frac{1+\sqrt{21}}{2}$이다.

13) 정답 ⑤

[그림 : 도정영T]

[검토자 : 강동희T]

그림과 같이 사분원 OAB를 포함하는 원을 그리면

$\angle APQ=\frac{\pi}{2}$이므로 원의 지름의 끝점 중 A가 아닌 점을 S라 할 때,

직선 PQ는 직선 OA와 점 S에서 만난다. $\overline{OA}=\frac{13}{2}$이므로

$\overline{AS}=13$이다. 직각삼각형 APS에서 $\overline{AP}=5$이므로 $\overline{PS}=12$이다.

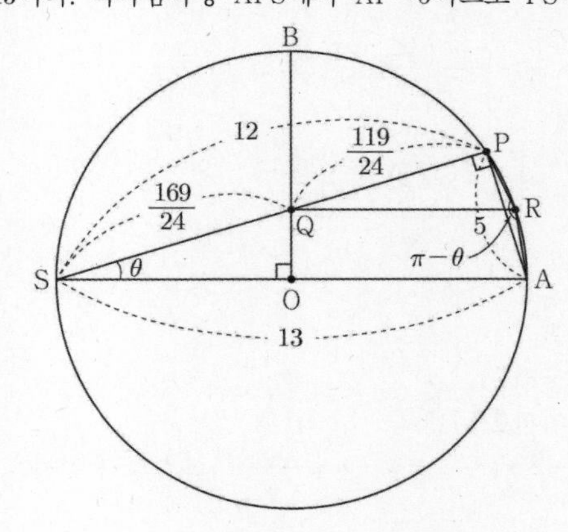

$\triangle APS \backsim \triangle QOS$이므로

$12 : 13 = \frac{13}{2} : \overline{QS}$에서 $\overline{QS} = \frac{169}{24}$이다. ……㉠

따라서 $\overline{PQ} = 12 - \frac{169}{24} = \frac{119}{24}$

한편, $\angle ASP = \theta$라 하면 사각형 ARPS는 원에 내접하므로 $\angle ARP = \pi - \theta$이다.

직각삼각형 APS에서 $\sin\theta = \frac{5}{13}$, $\cos\theta = \frac{12}{13}$이다.

점 R가 호 AP의 중점이므로 $\overline{AR} = \overline{PR} = x$라 하고

삼각형 APR에서 코사인법칙을 적용하면

$25 = x^2 + x^2 - 2x^2\cos(\pi - \theta)$

$25 = 2x^2 + \frac{24}{13}x^2$

$\frac{50}{13}x^2 = 25$에서 $x^2 = \frac{13}{2}$이다.

또한 삼각형 APR에서 $\angle APR = \alpha$라 하고 사인법칙을 적용하면

$$\frac{\frac{\sqrt{26}}{2}}{\sin\alpha} = 13$$

$\therefore \sin\alpha = \frac{1}{\sqrt{26}}$, $\cos\alpha = \frac{5}{\sqrt{26}}$

따라서 삼각형 PQR의 넓이 S는

$$S = \frac{1}{2} \times \frac{119}{24} \times \frac{\sqrt{26}}{2} \times \sin\left(\frac{\pi}{2} + \alpha\right)$$

$$= \frac{1}{2} \times \frac{119}{24} \times \frac{\sqrt{26}}{2} \times \frac{5}{\sqrt{26}}$$

$$= \frac{595}{96}$$

[랑데뷰팁]정찬도T의의견

㉠에서 $\overline{QS} = \frac{\overline{SB}}{\cos\theta}$을 이용해도 좋다.

[랑데뷰팁]-정찬도T추가설명[미적분]

$\alpha = \frac{\theta}{2}$임을 이용하면,

$\sin^2\alpha = \sin^2\frac{\theta}{2} = \frac{1 - \cos\theta}{2} = \frac{1}{26}$, $\sin\alpha = \frac{1}{\sqrt{26}}$

$\cos^2\alpha = \cos^2\frac{\theta}{2} = \frac{1 + \cos\theta}{2} = \frac{25}{26}$, $\cos\alpha = \frac{5}{\sqrt{26}}$

$\cos\alpha = \frac{\frac{5}{2}}{\overline{PR}}$에서 $\overline{PR} = \overline{AR} = \frac{\sqrt{26}}{2}$

14) 정답 ②

[그림 : 배용제T]

[검토자 : 이지훈T]

$h_1(x) = -(x+2a)^2(x-a)$, $h_2(x) = (x+b)(x-2b)^2 + c$라 하자.

① $a > 0$ ② $a < 0$

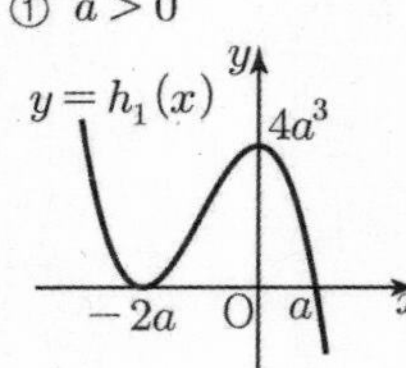

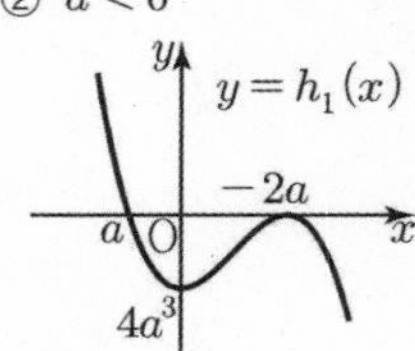

③ $b > 0$ ④ $b < 0$

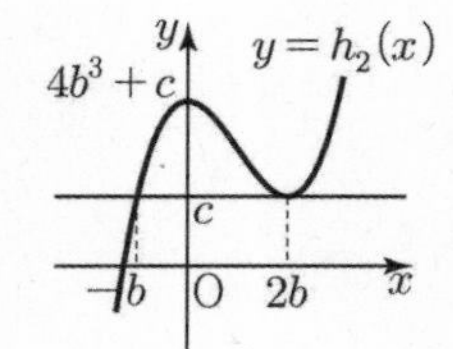

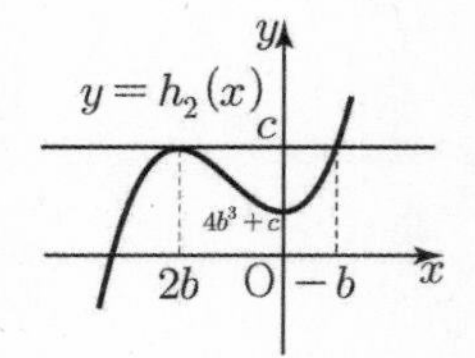

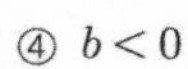

(i) $a > 0$, $b < 0$일 때,

함수 $h_1(x) = -(x+2a)^2(x-a)$는 $x = -2a$에서 극솟값 0, $x = 0$에서 극댓값 $4a^3$을 갖는다.

함수 $h_2(x) = (x+b)(x-2b)^2 + c$는 $x = 2b$에서 극댓값 c, $x = 0$에서 극솟값 $4b^3 + c$를 갖는다.

①+④ $a > 0$, $b < 0$

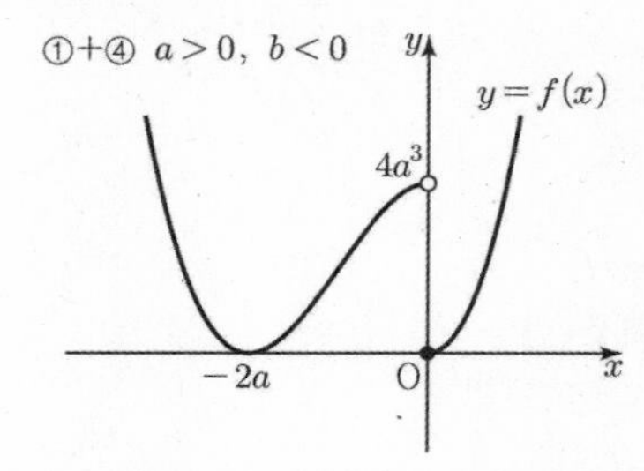

함수 $g(t)$가 불연속인 점의 개수가 4이기 위해서는 두 함수 $h_1(x)$와 $h_2(x)$의 극솟값이 같아야 한다. 즉, 함수 $h_2(x)$의 극솟값이 0이어야 한다. $4b^3 + c = 0$

따라서 $b = -1$, $c = 4$이다.

(ii) $a < 0$, $b > 0$

함수 $h_1(x) = -(x+2a)^2(x-a)$는 $x = 0$에서 극솟값 $4a^3$, $x = -2a$에서 극댓값 0을 갖는다.

함수 $h_2(x) = (x+b)(x-2b)^2 + c$는 $x = 0$에서 극댓값 $4b^3 + c$, $x = 2b$에서 극솟값 c를 갖는다.

②+③ $a < 0$, $b > 0$

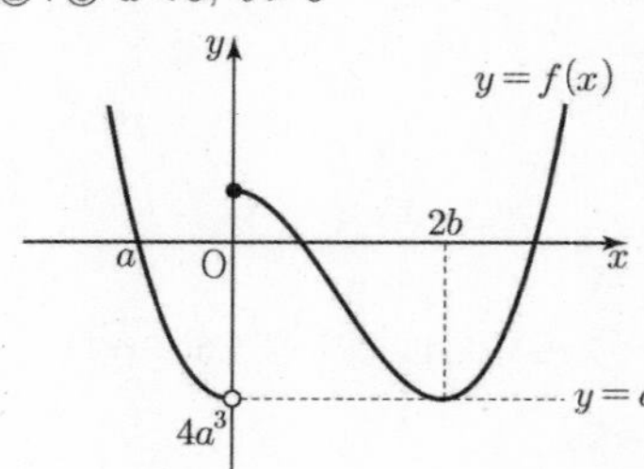

함수 $g(t)$가 불연속인 점의 개수가 4이기 위해서는 두 함수 $h_1(x)$와 $h_2(x)$의 극솟값이 같아야 한다. 즉, 함수 $h_2(x)$의

극솟값이 $4a^3$이어야 한다. $c=4a^3$
따라서 $a=-1$, $c=-4$이다.

(i), (ii)에서 c의 최댓값은 4이고 c의 최솟값은 -4이다.
c의 최댓값과 최솟값의 곱은 -16이다.

15) 정답 ②
[그림 : 이정배T]
[검토자 : 조남웅T]
(가)에서 삼차방정식 $f(x)+8x-3=0$은 중근과 한 실근을 갖는다.
(나)에서 $f(0)=3$, $f'(0)=-7$이므로
$f(x)+8x-3=x(x-\alpha)^2$ $(\alpha\neq 0)$이라 할 수 있다.
$f(x)=x(x-\alpha)^2-8x+3$
$f'(x)=(x-\alpha)^2+2x(x-\alpha)-8$
$f'(0)=\alpha^2-8=-7$
$\alpha^2=1$
$\therefore\ \alpha=\pm 1$

(i) $\alpha=1$일 때,
$f(x)=x(x-1)^2-8x+3$
$=x^3-2x^2-7x+3$
$f'(x)=3x^2-4x-7=(x+1)(3x-7)$
방정식 $f'(x)=0$의 해는 $x=-1$, $x=\frac{7}{3}$이다.
함수 $f(x)$는 $x=-1$에서 극대이므로
$f(-1)=-1-2+7+3=7$

(ii) $\alpha=-1$일 때,
$f(x)=x(x+1)^2-8x+3$
$=x^3+2x^2-7x+3$
$f'(x)=3x^2+4x-7=(x-1)(3x+7)$
방정식 $f'(x)=0$의 해는 $x=-\frac{7}{3}$, $x=1$이다.
함수 $f(x)$는 $-\frac{7}{3}$에서 극대이므로
$f\left(-\frac{7}{3}\right)=-\frac{343}{27}+\frac{98}{9}+\frac{49}{3}+3$
$=\frac{-343+294+441+81}{27}=\frac{473}{27}>7$

(i), (ii)에서
$f_2(x)=x^3-2x^2-7x+3$, $f_1(x)=x^3+2x^2-7x+3$
이고 $f_1(x)$의 극솟값은 $f_1(1)=-1$이다.
따라서
$$g(x)=\begin{cases} x^3-2x^2-7x+3 & (x<0) \\ x^3+2x^2-7x+3 & (x\geq 0) \end{cases}$$
이다.

그림과 같이 함수 $g(x)$의 극점은 $(-1, 7)$, $(1, -1)$이다.

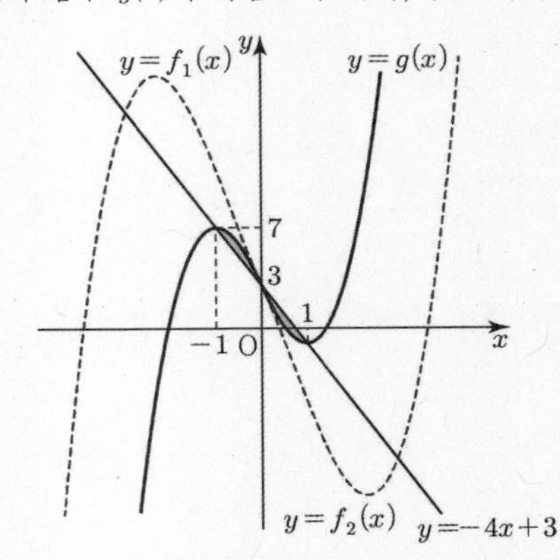

따라서 두 극점을 지나는 직선의 방정식은 $y=-4x+3$이다.
함수 $g(x)$는 $(0, 3)$에 대칭이므로 $y=g(x)$의 그래프와 직선 $y=-4x+3$으로 둘러싸인 부분의 넓이는
$\int_{-1}^{1}|f(x)-(-4x+3)|dx$
$=2\times\int_0^1\{(4x-3)-f_1(x)\}dx$
$=2\int_0^1(-x^3-2x^2+3x)dx$
$=2\left[-\frac{1}{4}x^4-\frac{2}{3}x^3+\frac{3}{2}x^2\right]_0^1$
$=2\left(-\frac{1}{4}-\frac{2}{3}+\frac{3}{2}\right)$
$=2\left(\frac{-3-8+18}{12}\right)$
$=\frac{7}{6}$

16) 정답 10
[검토자 : 안형진T]
곡선 $y=f(x)$ 위의 $x=2$인 점에서의 접선의 기울기는 $f'(2)$이다.
$f(x)=x^3-2x+1$에서 $f'(x)=3x^2-2$
따라서 $f'(2)=12-2=10$

17) 정답 4
[검토자 : 안형진T]
$y=3\sin x+\cos\left(x+\frac{3}{2}\pi\right)+2$
$=3\sin x+\sin x+2$
$=4\sin x+2$
이므로 최댓값은 $4+2=6$, 최솟값은 $-4+2=-2$ 이다.
$\therefore\ M=6$, $m=-2$
$\therefore\ M+m=4$

18) **정답** 56

[검토자 : 안형진T]

$f(x)$가 $x=a$에서 연속이므로

$-7a+b=0,\ b=7a\cdots㉠$

$f'(x)=\begin{cases}3x^2-2ax-7 & (x<a)\\ 6x-3a & (x>a)\end{cases}$

$\lim_{h\to0-}\frac{f(a+h)-f(a)}{h}=a^2-7$

$\lim_{h\to0+}\frac{f(a+h)-f(a)}{h}=3a$

$\lim_{h\to0-}\frac{f(a+h)-f(a)}{h}=2\times\lim_{h\to0+}\frac{f(a+h)-f(a)}{h}$이므로

$a^2-7=6a$

$a^2-6a-7=0$

$a>0$이므로 $a=7$

㉠에서 $b=49$

$a+b=56$

19) **정답** 81

[검토자 : 안형진T]

$f(x)=3^{x+1}\times3^{-3x}=3^{-2x+1}$이므로 $-\frac{3}{2}\le x\le\frac{1}{2}$에서

$f(x)$는 $x=-\frac{3}{2}$일 때, 최댓값 81을 가지고, $x=\frac{1}{2}$일 때,

최솟값 1을 가진다.

$M=81,\ m=1$

$\therefore\ M\times m=81$

20) **정답** 1

[그림 : 최성훈T]

[검토자 : 서영만T]

x에 대한 이차방정식 $\{x-f(t)\}\{x-g(t)\}=0$의 실근은

$x=f(t)$ 또는 $x=g(t)$이다.

에서 작은 않은 것이 $h(t)$이므로

$h(t)=\begin{cases}f(t) & (f(t)\ge g(t))\\ g(t) & (f(t)<g(t))\end{cases}$

이다.

$f(t)=t^3-3t^2+2$

$f'(t)=3t^2-6t=3t(t-2)$

따라서 함수 $f(t)$의 그래프는 $t=0$에서 극댓값 $f(0)=2$, $t=2$에서 극솟값 -2을 갖는 곡선이다.

또한 $g(t)=a(t-2)$이므로 a의 값에 관계없이 $(2,0)$을 지나는 직선이다.

따라서 함수 $y=f(t)$와 $y=g(t)$의 그래프에서 함수 $y=h(t)$의 그래프는 다음과 같다.

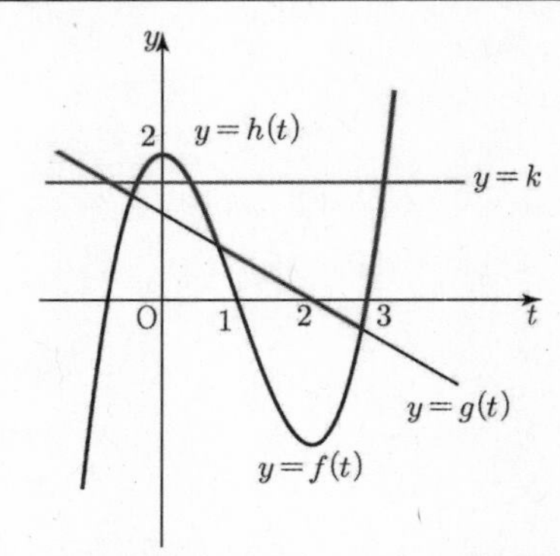

함수 $y=h(t)$의 그래프와 직선 $y=k$가 서로 다른 네 점에서 만나도록 하는 실수 k가 존재하기 위해서는 $a<0$이고 $g(0)<2$이어야 한다.

$g(0)=-2a<2$

$\therefore\ -1<a<0$

따라서 $m=-1,\ M=0$이므로 $M-m=1$이다.

21) **정답** 148

[그림 : 이정배T]

[검토자 : 오정화T]

곡선 $y=\log_a(x-1)-1$을 x축의 방향으로 -1만큼, y축의 방향으로 1만큼 평행이동한 그래프는 $y=\log_2 x$이다. 두 $y=a^x$와 $y=\log_a x$는 역함수 관계이므로 직선 $y=x$에 대칭이다.

두 직선 $y=-x+k$와 $y=-x+\frac{10}{3}k$이 곡선 $y=\log_a(x-1)-1$와 만나는 두 점 B와 D를 x축의 방향으로 -1만큼, y축의 방향으로 1만큼 평행이동한 점을 B$'$, D$'$라 할 때, 점 B$'$는 직선 $y=-x+k$위의 점이고 점 A의 $y=x$에 대칭인 점이다.

$\overline{BB'}=\sqrt{2}$이므로 $\overline{AB'}=\frac{\sqrt{2}}{3}k$이다.

마찬가지로 $\overline{CD'}=2\sqrt{2}k$이다.

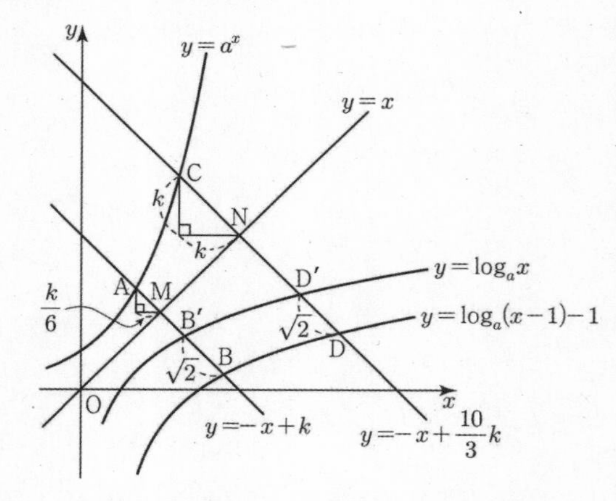

선분 AB$'$의 중점을 M이라 할 때, 점 M은 $y=x$와 $y=-x+k$가 만나는 점이므로 $M\left(\frac{k}{2},\ \frac{k}{2}\right)$이다. $\overline{AM}=\frac{1}{2}\times\overline{AB'}=\frac{\sqrt{2}}{6}k$

따라서 점 $A\left(\frac{k}{2}-\frac{k}{6}, \frac{k}{2}+\frac{k}{6}\right)=A\left(\frac{k}{3}, \frac{2k}{3}\right)$

점 A가 곡선 $y=a^x$위에 있으므로 $a^{\frac{k}{3}}=\frac{2k}{3}$ …… ㉠

선분 CD′의 중점을 N이라 할 때, 점 N은 $y=x$와 $y=-x+\frac{10k}{3}$가

만나는 점이므로 $N\left(\frac{5k}{3}, \frac{5k}{3}\right)$이다. $\overline{CN}=\frac{1}{2}\times\overline{CD'}=\sqrt{2}k$

따라서 점 $C\left(\frac{5k}{3}-k, \frac{5k}{3}+k\right)=C\left(\frac{2k}{3}, \frac{8k}{3}\right)$

점 C가 곡선 $y=a^x$위에 있으므로 $a^{\frac{2k}{3}}=\frac{8k}{3}$ …… ㉡

㉠, ㉡에서 $\left(\frac{2k}{3}\right)^2=\frac{8k}{3}$

$\therefore\ k=6\ (\because k>a+1>2)$

따라서 점 $A(2, 4)$, $C(4, 16)$이다.

$\overline{AC}^2=2^2+12^2=148$이다.

22) **정답** 364

[검토자 : 정찬도T]

a_5와 a_6의 합이 4이므로 다음 표와 같이 a_5의 값은 3이하이다.

a_5	a_6	a_5+a_6
1	3	4
2	4	6
3	1	4
4	8	12
	⋮	

따라서 $a_5=1$, $a_6=3$일 때와 $a_5=3$, $a_6=1$일 때, $a_5+a_6=4$을 만족시킨다.

(i) $a_5=1$일 때,

a_1	a_2	a_3	a_4	a_5
81	27	9		
			3	1
9	3	1		
1				

(ii) $a_5=3$일 때,

a_1	a_2	a_3	a_4	a_5
243	81	27	9	
				3
27	9	3	1	
3	1			

(i), (ii)에서 가능한 a_1의 값의 합은

$1+3+9+27+81+243=364$

확률과통계

[출제자 : 황보백T]

23) **정답** ①

[검토자 : 장세완T]

확률변수 X는 이항분포 $B(36, p)$를 따르므로

$E(X)=36p$이다.

$E\left(\frac{1}{3}X+2\right)=\frac{1}{3}E(X)+2$

$=12p+2=8$

$p=\frac{1}{2}$ 이므로

$V(X)=36\times\frac{1}{2}\times\frac{1}{2}=9$

따라서 $V(3X)=9V(X)=81$

24) **정답** ②

[검토자 : 장세완T]

$P(A)=\frac{1}{2}$, $P(B)=\frac{1}{3}$, $P(A\cap B)=\frac{1}{6}$

$\therefore\ P(B|A)=\frac{P(B\cap A)}{P(A)}=\frac{\frac{1}{6}}{\frac{1}{2}}=\frac{1}{3}$

25) **정답** ①

[검토자 : 장세완T]

$1\le a\le 6$, $1\le b\le 6$이므로 $2\le a+b\le 12$, $1\le ab\le 36$

$a+b$를 5로 나눈 나머지가 2인 경우는 $a+b=2$ 또는 $a+b=7$ 또는 $a+b=12$

① $a+b=2$인 경우는 $a=1$, $b=1$의 1가지

② $a+b=7$인 경우는

$a=1$, $b=6$ 또는 $a=2$, $b=5$ 또는 $a=3$, $b=4$ 또는 $a=4$, $b=3$ 또는 $a=5$, $b=2$ 또는 $a=6$, $b=1$의 6가지

③ $a+b=12$인 경우는 $a=6$, $b=6$의 1가지

따라서 총 8가지

이중 ab를 5로 나눈 나머지가 1인 경우는

$(a, b)=(1, 1)$, $(1, 6)$, $(6, 1)$, $(6, 6)$으로 4가지이다.

따라서 $a+b$를 5로 나눈 나머지가 2인 사건을 A, ab를 5로 나눈 나머지가 1인 사건을 B라 하면

$\therefore\ P(B|A)=\frac{P(A\cap B)}{P(A)}=\frac{\frac{4}{36}}{\frac{8}{36}}=\frac{1}{2}$이다.

26) 정답 ④

[검토자 : 장세완T]

x축의 방향으로 1만큼 평행이동하는 것을 a, x축의 방향으로 -1만큼 평행이동하는 것을 b, y축의 방향으로 1만큼 평행이동하는 것을 c, y축의 방향으로 -1만큼 평행이동하는 것을 d로 나타내자.

(i) a가 3번, b가 1번, c가 1번인 경우

a, a, a, b, c를 일렬로 나열하는 경우의 수는

$\frac{5!}{3!}=20$

이 중에서 3번 이동한 후에 점 (2, 1)에 도착하는 경우의 수는 a, a, c를 일렬로 나열하는 경우의 수와 a, b를 일렬로 나열하는 경우의 수의 곱과 같으므로

$\frac{3!}{2!}\times 2!=6$

따라서 이 경우의 수는

$20-6=14$

(ii) a가 2번, c가 2번, d가 1번인 경우

a, a, c, c, d를 일렬로 나열하는 경우의 수는

$\frac{5!}{2!2!}=30$

이 중에서 3번 이동한 후에 점 (2, 1)에 도착하는 경우의 수는 a, a, c를 일렬로 나열하는 경우의 수와 c, d를 일렬로 나열하는 경우의 수의 곱과 같으므로

$\frac{3!}{2!}\times 2!=6$

따라서 이 경우의 수는

$30-6=24$

(i), (ii)에 의하여 구하는 경우의 수는

$14+24=38$

27) 정답 ④

[출제자 : 정일권T]

[검토자 : 장세완T]

두 확률변수 X, Y가 동일한 표준편차를 가지므로 $y=g(x)$는 $y=f(x)$를 x축의 방향으로 평행이동한 곡선이다. 정규분포 곡선은 평균값에 대칭인 함수이므로 평균에 가까울수록 함수값이 커진다.

$g(4)\le f(7) \Rightarrow |m-4|\ge|7-10| \Rightarrow m\ge 7, m\le 1$ …㉠

$f(7)\le g(6) \Rightarrow |m-6|\le|7-10| \Rightarrow 3\le m\le 9$ …㉡

㉠, ㉡에 의해

$\therefore 7\le m\le 9$

$f(a)=g(a)$인 실수 a의 값은 $a=\frac{m+10}{2}$이므로

$\mathrm{P}(m\le Y\le a)=\mathrm{P}\left(m\le Y\le \frac{m+10}{2}\right)$

이때 확률변수 $Z=\frac{Y-m}{2}$는 표준정규분포 $\mathrm{N}(0, 1^2)$을 따르므로

$$\mathrm{P}(m\le Y\le a)=\mathrm{P}\left(m\le Y\le \frac{m+10}{2}\right)$$
$$=\mathrm{P}\left(0\le \frac{Y-m}{2}\le \frac{\frac{m+10}{2}-m}{2}\right)$$
$$=\mathrm{P}\left(0\le Z\le \frac{10-m}{4}\right)$$

$\frac{10-m}{4}$이 최소일 때 $\mathrm{P}(m\le Y\le a)$가 최솟값을 가지므로

$m=9$일 때이다.

$\frac{10-m}{4}$이 최대일 때 $\mathrm{P}(m\le Y\le a)$가 최댓값을 가지므로

$m=7$일 때이다.

28) 정답 ⑤

[출제자 : 정일권T]

[검토자 : 최수영T]

총 7명의 학생이 7개의 좌석 중 임의로 1개씩 선택하여 앉는 경우의 수는 7!

조건 (가)에 의해 A열에 앉는 경우에 따라 나누어 보면

(1) A열에 1, 2, 3학년이 1명씩 앉는 경우

A열에 선택해서 배열하는 경우의 수는 :

${}_2\mathrm{C}_1\times{}_2\mathrm{C}_1\times{}_3\mathrm{C}_1\times 3!=72$

B열에 나머지 학생을 배열하는 경우는 3학년 학생은 이웃하지 않아야 하므로

$2!\times{}_3\mathrm{P}_2=12$이다.

$\therefore 72\times 12$

(2) A열에 1, 2학년이 앉는 경우

B열에서 3학년이 무조건 이웃하게 되므로 조건을 만족하지 않는다.

(3) A열에 1, 3학년이 앉는 경우

① A열에 1학년이 2명, 3학년이 1명이 배열될 때 :

${}_2\mathrm{C}_2\times{}_3\mathrm{C}_1\times 2!\times 2!=12$

나머지 학생이 B열에 즉 2학년 2명, 3학년 2명이 배열되는 경우는 : $2!\times 2!\times 2=8$

$\therefore 12\times 8$

② A열에 1학년이 1명 3학년이 2명이 배열될 때 :

${}_2\mathrm{C}_1\times{}_3\mathrm{C}_2\times 2!\times 2!=24$

나머지 학생이 B열에 배열되는 경우 2학년 학생은 이웃하지 않아야 하므로

$2!\times{}_3\mathrm{P}_2=12$이다.

$\therefore 24\times 12$

①, ②에 의해

$\therefore 12\times 32$

(4) A 열에 2, 3학년이 앉는 경우
(3)번 경우와 마찬가지이므로
$\therefore 12\times32$

따라서 만족하는 확률은
$\dfrac{72\times12+12\times32\times2}{7!}=\dfrac{34}{105}$

29) 정답 369
[출제자 : 이소영T]
[검토자 : 최현정T]
세 명의 학생 A, B, C에게 다른 종류의 그림카드 3장을 나눠주는 경우를 생각하자.
(가)조건에서 그림카드를 받지 못하는 학생이 존재하므로 $(3,0,0)$, $(2,1,0)$으로 나눠줄 수 있다.

(i) A, B, C에게 그림카드를 $(3,0,0)$으로 나눠주는 경우
그림카드를 나눠주는 경우의 수는 3가지이다.
같은 종류 볼펜 9자루를 각 학생이 적어도 한자루씩은 받고, 그림카드와 볼펜의 수의 합이 6이하가 되도록 분배해보자.
예를들어 A가 받은 카드 수 3장, B가 받은 카드 수 0장, C가 받은 카드 수 0장이라고 하자.
A가 받는 볼펜 수를 a, B가 받는 볼펜 수를 b, C가 받는 볼펜 수를 c라 하면
$a+b+c=9(a\le3,\ b\le6,\ c\le6)$
각 학생에게 한 개 씩의 볼펜을 먼저 주고 A, B, C가 받는 볼펜 수를 a', b', c'라 하면
$a'+b'+c'=6\ (a'\le2, b'\le5, c'\le5)$
$a'=0$인 경우
$\rightarrow b'+c'=6$이므로 경우의 수는 ${}_2H_6$인데,
$(b',c')=(6,0),(5,1),(0,6)$인 경우를 제외해야 한다.
${}_2\mathrm{H}_6-3={}_7\mathrm{C}_6-3=4$
$a'=1$인 경우
$\rightarrow b'+c'=5$이므로 경우의 수는 ${}_2\mathrm{H}_5={}_6\mathrm{C}_5=6$
$a'=2$인 경우
$\rightarrow b'+c'=4$이므로 경우의 수는 ${}_2\mathrm{H}_4={}_5\mathrm{C}_4=5$
볼펜을 나눠주는 경우의 수는 $4+6+5=15$이다.
그림카드와 볼펜을 나눠주는 경우의 수는 $3\times15=45$이다.

(ii) A, B, C에게 그림카드를 $(2,1,0)$으로 나눠주는 경우
그림카드가 서로 다르므로 분할 ${}_3\mathrm{C}_2$ 후 A, B, C에게 분배하면 $3!$이다.
따라서 그림카드를 나눠주는 경우의 수는 ${}_3\mathrm{C}_2\times3!=18$이다.
예를들어 A가 받은 카드 수 2장, B가 받은 카드 수 1장, C가 받은 카드 수 0장이라고 하자.
A가 받는 볼펜 수를 a, B가 받는 볼펜 수를 b, C가 받는 볼펜 수를 c라 하면
$a+b+c=9(a\le4,\ b\le5,\ c\le6)$
각 학생에게 한 개 씩의 볼펜을 먼저 주고 A, B, C가 받는 볼펜 수를 a', b', c'라 하면
$a'+b'+c'=6\ (a'\le3, b'\le4, c'\le5)$
$a'=0$인 경우
$\rightarrow b'+c'=6$이므로 경우의 수는 ${}_2\mathrm{H}_6$인데,
$(b',c')=(6,0),(5,1),(0,6)$인 경우를 제외해야 한다.
${}_2\mathrm{H}_6-3={}_7\mathrm{C}_6-3=4$
$a'=1$인 경우
$\rightarrow b'+c'=5$이므로 경우의 수는 ${}_2\mathrm{H}_5$인데, $(b',c')=(5,0)$인 경우를 제외해야 한다.
${}_2\mathrm{H}_5-1={}_6\mathrm{C}_5-1=5$
$a'=2$인 경우
$\rightarrow b'+c'=4$이므로 경우의 수는 ${}_2\mathrm{H}_4={}_5\mathrm{C}_4=5$
$a'=3$인 경우
$\rightarrow b'+c'=3$이므로 경우의 수는 ${}_2\mathrm{H}_3={}_4\mathrm{C}_3=4$
볼펜을 나눠 주는 경우의 수는 $4+5+5+4=18$이다.
그림카드와 볼펜을 나눠주는 경우의 수는 $18\times18=324$이다.
따라서 전체 경우의 수는 $45+324=369$이다.

30) 정답 42
[검토자 : 최혜권T]
확률변수 X의 확률질량함수는
$\mathrm{P}(X=r)={}_3\mathrm{C}_r\left(\dfrac{2}{3}\right)^r\left(\dfrac{1}{3}\right)^{3-r}\ (r=0,1,2,3)$
이므로 X는 이항분포 $\mathrm{B}\left(3,\dfrac{2}{3}\right)$를 따른다.
따라서 $\mathrm{E}(X)=3\times\dfrac{2}{3}=2$, $\mathrm{V}(X)=3\times\dfrac{2}{3}\times\dfrac{1}{3}=\dfrac{2}{3}$이므로
$\mathrm{E}(X^2)=\mathrm{V}(X)+\{\mathrm{E}(X)\}^2=\dfrac{2}{3}+2^2=\dfrac{14}{3}$
따라서 $\mathrm{E}(9X^2)=9\mathrm{E}(X^2)=9\times\dfrac{14}{3}=42$

미적분
[출제자 : 황보백 T]

23) 정답 ④
[검토자 : 필재T]
$\displaystyle\int_1^5\frac{1}{x^2+x}dx$
$\displaystyle=\int_1^5\left(\frac{1}{x}-\frac{1}{x+1}\right)dx$
$=\Big[\ln|x|-\ln|x+1|\Big]_1^5$
$=\ln5-\ln6-(\ln1-\ln2)$
$=\ln\left(\dfrac{10}{6}\right)=\ln\left(\dfrac{5}{3}\right)$

24) 정답 ①

[검토자 : 필재T]

$f(x)=\frac{x-1}{e^x}=e^{-x}(x-1)$

$f'(x)=-e^{-x}(x-1)+e^{-x}\cdot 1=e^{-x}(2-x)$ 이므로

$f'(x)=0$ 에서 $x=2$ 이다.

이 때 $x<2$ 일 때 $f'(x)>0$ 이고, $x>2$ 일 때 $f'(x)<0$ 이므로 함수 $f(x)$는 $x=2$ 에서 극댓값 $f(2)=e^{-2}(2-1)=\frac{1}{e^2}$을 갖는다.

25) 정답 ③

[검토자 : 필재T]

$y=f\left(\frac{1}{2}x+1\right)$의 역함수는 $x=f\left(\frac{1}{2}y+1\right)$이다.

또한 $f(x)$의 역함수가 $g(x)$이므로

$g(x)=g\left(f\left(\frac{1}{2}y+1\right)\right)$에서 $g(x)=\frac{1}{2}y+1$

$\therefore\ y=h(x)=2g(x)-2$

양변을 x에 대하여 미분하면

$h'(x)=2g'(x)$

따라서 $h'(1)=2g'(1)=\frac{2}{f'(2)}=\frac{2}{2}=1$

[다른풀이]

$y=f\left(\frac{1}{2}x+1\right)$의 역함수가 $h(x)$이므로

$f\left(\frac{1}{2}h(x)+1\right)=x$

이때, $f(x)$의 역함수가 $g(x)$이므로

$g(x)=\frac{1}{2}h(x)+1$

양변을 x에 대하여 미분하면 $g'(x)=\frac{1}{2}h'(x)$

$\therefore\ h'(x)=2g'(x)$

따라서 $h'(1)=2g'(1)=\frac{2}{f'(2)}=\frac{2}{2}=1$

[다른풀이]2-서태욱T

$k(x)=f\left(\frac{1}{2}x+1\right)$라 하면 $h(x)=k^{-1}(x)$이다.

역함수 미분법에 의하여 $h'(1)=\frac{1}{k'(k^{-1}(1))}$이므로

이때 $k^{-1}(1)=a$라 하면 $k(a)=1$, $f\left(\frac{1}{2}a+1\right)=1$

$\frac{1}{2}a+1=g(1)=2 \qquad \therefore\ a=2$

즉, $k^{-1}(1)=2$

한편 합성함수 미분법에 의하여

$k'(x)=f'\left(\frac{1}{2}x+1\right)\times\frac{1}{2}$이므로 …… ㉠

$h'(1)=\frac{1}{k'(k^{-1}(1))}$

$=\frac{1}{k'(2)}$

$=\frac{1}{f'(2)\times\frac{1}{2}}$ ($\because$ ㉠)

$=\frac{1}{2\times\frac{1}{2}}=1$

따라서 $h'(1)=1$

26) 정답 ②

[검토자 : 이호진T]

$n=1$일 때, $a_1=\frac{1}{\sqrt{2}}$, $b_1=-\frac{1}{\sqrt{2}}$

$n=2$일 때, $\left(\frac{1-i}{\sqrt{2}}\right)^2=-i$이므로 $a_2=0$, $b_2=-1$

$n=3$일 때, $\left(\frac{1-i}{\sqrt{2}}\right)^3=\frac{-1-i}{\sqrt{2}}$이므로 $a_3=-\frac{1}{\sqrt{2}}$, $b_3=-\frac{1}{\sqrt{2}}$

$n=4$일 때, $\left(\frac{1-i}{\sqrt{2}}\right)^4=-1$이므로 $a_4=-1$, $b_4=0$

$\vdots$

에서

모든 자연수 n에 대하여 $a_n^{\ 2}+b_n^{\ 2}=1$이다.

$\sum_{n=1}^{\infty}\left(a_n^{\ 2}+b_n^{\ 2}-r\right)^{n-1}$

$=\sum_{n=1}^{\infty}(1-r)^{n-1}$

$=\frac{1}{1-(1-r)}=\frac{3}{2}$ ($\because\ -1<1-r<1$)

$\frac{1}{r}=\frac{3}{2}$

그러므로 $r=\frac{2}{3}$이다.

27) 정답 ①

[검토자 : 이호진T]

음이 아닌 모든 실수 t에 대하여 닫힌구간 $[0,\ t]$에서 곡선 $y=f(x)$의 길이가 $\frac{1}{2}(1+t)^2+a$이므로

$\int_0^t\sqrt{1+\{f'(x)\}^2}\,dx=\frac{1}{2}(t+1)^2+a$ …… ㉠

㉠의 양변에 $t=0$을 대입하면

$0=\frac{1}{2}+a$

$\therefore\ a=-\frac{1}{2}$

㉠의 양변을 t에 대하여 미분하면

$\sqrt{1+\{f'(t)\}^2}=t+1$ …… ㉡

㉡의 양변을 제곱하면

$1+\{f'(t)\}^2=(t+1)^2$

$\therefore\ \{f'(t)\}^2=t^2+2t$

주어진 조건에서 $f'(t)>0$이므로

$f'(t)=\sqrt{t^2+2t}$

따라서 $f'(-2a)=f'(1)=\sqrt{3}$

28) 정답 ⑤

[검토자 : 오세준T]

$g(x)=\cos x\ \left(0<x<\frac{\pi}{2}\right)$라 하면 곡선 $y=g(x)$ 위의 점 $(f(t),\ g(f(t)))$에서의 접선이 점 $(t,\ 0)$을 지난다.

이때, 곡선 $y=g(x)$ 위의 점 $(f(t),\ g(f(t)))$에서의 접선의 기울기는 $g'(f(t))$이고, 두 점 $(f(t),\ g(f(t)))$, $(t,\ 0)$을 지나는 직선의 기울기는 $\frac{g(f(t))}{f(t)-t}$이므로

$\frac{g(f(t))}{f(t)-t}=g'(f(t))$ …… ㉠

이다.

한편, $g(x)=\cos x$에서 $g'(x)=-\sin x$이므로

㉠에서 $\frac{\cos f(t)}{f(t)-t}=-\sin f(t)$이다.

이때, $0<f(t)<\frac{\pi}{2}$이므로

$\sin f(t)\neq 0,\ \cos f(t)\neq 0$이고,

$-\frac{\cos f(t)}{\sin f(t)}=f(t)-t$에서 $\frac{1}{\tan f(t)}=t-f(t)$이다.

$\therefore\ \frac{1}{t-f(t)}=\tan f(t)$

$\int_\alpha^\beta \frac{1}{t-f(t)}\,dt$

$=\int_\alpha^\beta \tan f(t)\,dt$

$=-\Big[\ \ln|\cos f(t)|\ \Big]_\alpha^\beta$

$=-\ln\cos f(\beta)+\ln\cos f(\alpha)$

$=-\ln\cos\frac{\pi}{6}+\ln\cos\frac{\pi}{3}$

$=-\ln\frac{\sqrt{3}}{2}+\ln\frac{1}{2}$

$=\ln\frac{1}{\sqrt{3}}=\ln\frac{\sqrt{3}}{3}$

29) 정답 5

[그림 : 이호진T]

[검토자 : 정일권T]

점 P_n에서 y축에 내린 수선의 발을 H라 하자.

$\angle AP_nH=\alpha,\ \angle BP_nH=\beta$라 하면 $\theta_n=\alpha-\beta$이다.

$\tan\alpha=\frac{n^2+1}{n},\ \tan\beta=\frac{n^2-1}{n}$이므로

$\tan\theta_n=\tan(\alpha-\beta)=\frac{\frac{2}{n}}{1+\frac{n^4-1}{n^2}}=\frac{2n}{n^4+n^2-1}$

따라서

$\sum_{n=2}^{\infty}\frac{\tan\theta_n}{\frac{n^4-2n^2-2n+1}{n^4+n^2-1}+\tan\theta_n}$

$=\sum_{n=2}^{\infty}\frac{\frac{2n}{n^4+n^2-1}}{\frac{n^4-2n^2-2n+1}{n^4+n^2-1}+\frac{2n}{n^4+n^2-1}}$

$=\sum_{n=2}^{\infty}\frac{2n}{n^4-2n^2+1}$

$=\sum_{n=2}^{\infty}\frac{2n}{(n-1)^2(n+1)^2}$

$=\frac{1}{2}\sum_{n=2}^{\infty}\left\{\frac{1}{(n-1)^2}-\frac{1}{(n+1)^2}\right\}$

$=\frac{1}{2}\left(1+\frac{1}{4}\right)=\frac{5}{8}$

따라서

$\sum_{n=2}^{\infty}\frac{8\times\tan\theta_n}{\frac{n^4-2n^2-2n+1}{n^4+n^2-1}+\tan\theta_n}=5$

30) 정답 4

[출제자 : 김종렬T]

[그림 : 도정영T]

[검토자 : 김진성T]

$\overline{PQ}=\sqrt{(\cos\theta-1)^2+\sin^2\theta}$

$=\sqrt{2(1-\cos\theta)}=\sqrt{4\sin^2\frac{\theta}{2}}=2\sin\frac{\theta}{2}\ (\because 0<\theta<\pi)$

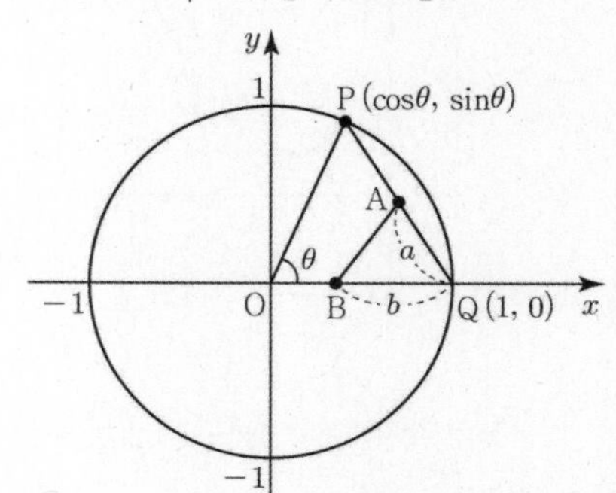

또한 $\triangle QAB = \frac{1}{2}\triangle OPQ$이므로 $\overline{AQ} = a$, $\overline{BQ} = b$라고 하면

$\frac{1}{2}ab\sin\frac{\pi-\theta}{2} = \frac{1}{2}\times\frac{1}{2}\times1^2\times\sin\theta$이고

$ab\cos\frac{\theta}{2} = \sin\frac{\theta}{2}\cos\frac{\theta}{2}$이다.

$\therefore ab = \sin\frac{\theta}{2}$ …… ㉠

$\triangle ABQ$에서

$$\overline{AB}^2 = a^2+b^2-2ab\cos\left(\frac{\pi-\theta}{2}\right)$$

$$= a^2+b^2-2\sin^2\frac{\theta}{2} = \frac{\sin^2\frac{\theta}{2}}{b^2}+b^2-2\sin^2\frac{\theta}{2} \quad (\because ㉠)$$

$f(b) = \frac{\sin^2\frac{\theta}{2}}{b^2}+b^2-2\sin^2\frac{\theta}{2}$라고 하자. ……㉡

$f'(b) = \frac{2b\left(b^2+\sin\frac{\theta}{2}\right)\left(b^2-\sin\frac{\theta}{2}\right)}{b^4}$이고 $f(b)$의 그래프는 다음과 같다.

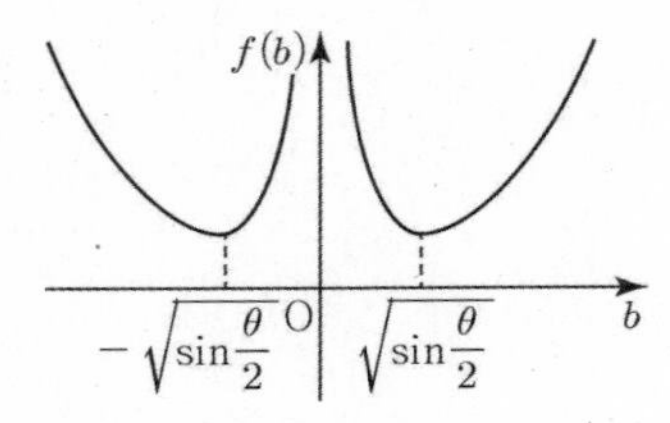

$f(b)$는 $b=\sqrt{\sin\frac{\theta}{2}}$에서 극솟값을 가지며 최솟값을 가짐을 알 수 있다.

$0<a\le\overline{PQ}$이므로 $0<\frac{\sin\frac{\theta}{2}}{b}\le2\sin\frac{\theta}{2}$이고 b의 범위는 $\frac{1}{2}\le b\le1$이다.

$\frac{1}{2}\le b\le1$의 범위에서의 $f(b)$의 최솟값을 $b=\sqrt{\sin\frac{\theta}{2}}$의 값에 따라 구하여 보자.

(i) $\sqrt{\sin\frac{\theta}{2}}<\frac{1}{2}$일 때

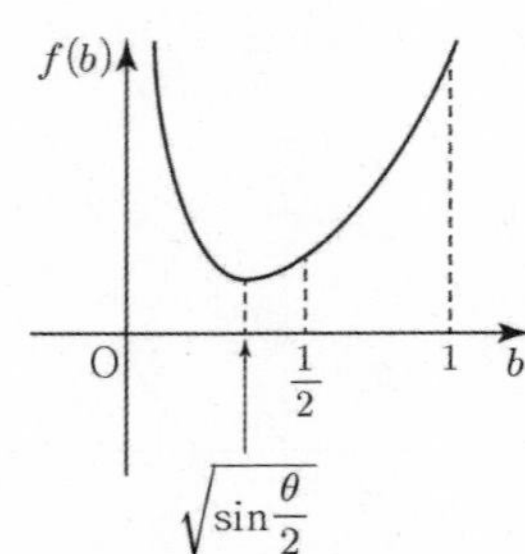

$\sin\frac{\theta}{2}<\frac{1}{4}$, $\overline{PQ}=2\sin\frac{\theta}{2}<\frac{1}{2}$이므로 $b=\frac{1}{2}$일 때, 최소이며 최솟값은

$$f\left(\frac{1}{2}\right) = \frac{\sin^2\frac{\theta}{2}}{\left(\frac{1}{2}\right)^2}+\left(\frac{1}{2}\right)^2-2\sin^2\frac{\theta}{2} = 2\sin^2\frac{\theta}{2}+\frac{1}{4}$$

(ii) $\frac{1}{2}\le\sqrt{\sin\frac{\theta}{2}}$일 때

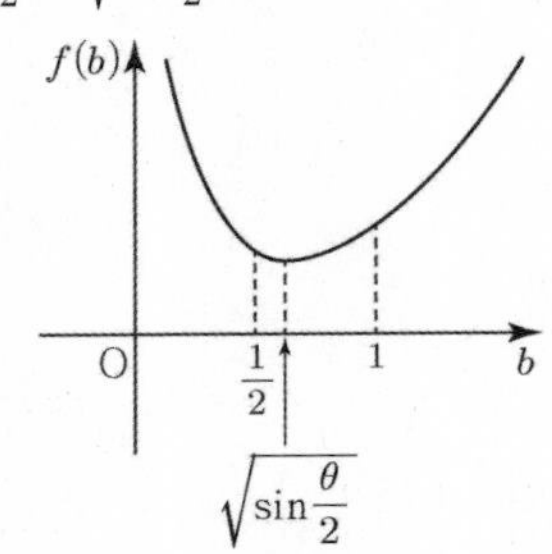

$\frac{1}{4}\le\sin\frac{\theta}{2}$, $\frac{1}{2}\le2\sin\frac{\theta}{2}=\overline{PQ}$

이므로 $b=\sqrt{\sin\frac{\theta}{2}}$일 때 최소이며 최솟값은

$$f\left(\sqrt{\sin\frac{\theta}{2}}\right) = \frac{\sin^2\frac{\theta}{2}}{\left(\sqrt{\sin\frac{\theta}{2}}\right)^2}+\left(\sqrt{\sin\frac{\theta}{2}}\right)^2-2\sin^2\frac{\theta}{2}$$

$$= 2\sin\frac{\theta}{2}-2\sin^2\frac{\theta}{2}$$

이다.

(i), (ii)에 의하여

$\overline{PQ}=2\sin\frac{\theta}{2}$이므로 $2\sin\frac{\alpha}{2}=\frac{1}{2}$ $(0<\alpha<\pi)$이라 하면

$$f(\theta) = \begin{cases} 2\sin^2\frac{\theta}{2}+\frac{1}{4} & (0<\theta<\alpha) \\ 2\sin\frac{\theta}{2}-2\sin^2\frac{\theta}{2} & (\alpha\le\theta<\pi) \end{cases}$$

$f(\theta)$는 $\theta=\alpha$에서 연속이고 미분가능하므로 함수 $f(\theta)$의 그래프는 다음과 같다.

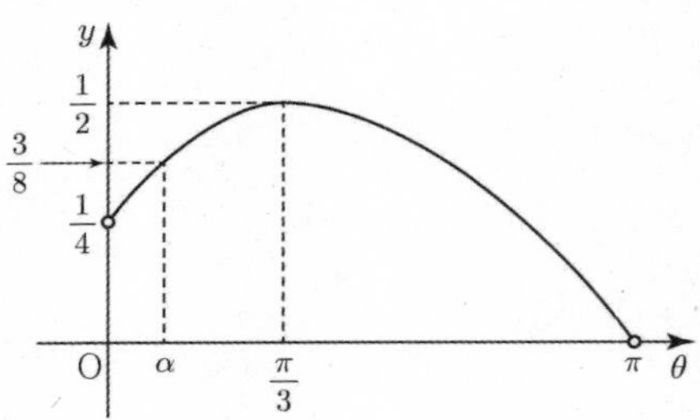

따라서 $f(\theta)$는 $\theta=\frac{\pi}{3}$일 때 최대이며 최댓값은 $f\left(\frac{\pi}{3}\right)=\frac{1}{2}$이다.

$\therefore 8M = 8\times\frac{1}{2}=4$

[랑데뷰팁]

θ가 주어지면 삼각형 OPQ가 고정되고 고정된 삼각형 OPQ에서 두 점 A, B가 이동하므로 a, b가 변수이고 θ가 상수이다.

[다른풀이]-김진성T

㉠에서 $ab = \sin\frac{\theta}{2}$ 이고

$\overline{AB}^2 = a^2+b^2-2\sin^2\frac{\theta}{2}$ 이므로 산술-기하 평균을 이용하면

$\overline{AB}^2 = a^2+b^2-2\sin^2\frac{\theta}{2} \ge 2ab-2\sin^2\frac{\theta}{2}$

$=2\sin\frac{\theta}{2}-2\sin^2\frac{\theta}{2}$ 가 되고,

$\overline{AB}$ 의 최솟값을 l이라 했으므로

$l^2 = 2\sin\frac{\theta}{2}-2\sin^2\frac{\theta}{2}=f(\theta)$ 가 된다.

따라서 $f(\theta)=2\sin\frac{\theta}{2}-2\sin^2\frac{\theta}{2}$의 최댓값은 구해보면

$f(\theta)=-2\left(\sin\frac{\theta}{2}-\frac{1}{2}\right)^2+\frac{1}{2}$ 가 되어서 $\sin\frac{\theta}{2}=\frac{1}{2}$일 때, 최댓값

$\frac{1}{2}$를 갖는다.

기하

[출제자 : 황보백T]

23) 정답 ⑤

[검토자 : 김수T]

24) 정답 ①

[검토자 : 김수T]

쌍곡선 $\frac{(x-2)^2}{a}-\frac{(y-2)^2}{9}=1$의 두 초점의 좌표가

$(7,\ b)$, $(-3,\ b)$이므로 이 쌍곡선의 중심은 $(2,\ b)$이다.

한편, 쌍곡선 $\frac{(x-2)^2}{a}-\frac{(y-2)^2}{9}=1$은 쌍곡선 $\frac{x^2}{a}-\frac{y^2}{9}=1$을 x축의 방향으로 2만큼, y축의 방향으로 2만큼 평행이동시킨 것이다.

쌍곡선 $\frac{x^2}{a}-\frac{y^2}{9}=1$의 중심이 $(0,\ 0)$이므로 점 $(0,\ 0)$을 x축의 방향으로 2만큼, y축의 방향으로 2만큼 평행이동시키면

점 $(2,\ 2)$이다.

이때, 두 점 $(2,\ b)$와 $(2,\ 2)$가 일치해야 하므로 $b=2$

한편, 쌍곡선 $\frac{x^2}{a}-\frac{y^2}{9}=1$의 초점의 좌표를 $(c,\ 0)$, $(-c,\ 0)$

(단, $c>0$) 이라 하면 $c=5$이므로 $a+9=25$

따라서 $a=16$

$a+b=16+2=18$

25) 정답 ③

[검토자 : 김수T]

점 $P(2,\ 10,\ -5)$를 x축에 대하여 대칭이동시킨 점은

$Q(2,\ -10,\ 5)$

선분 PQ를 $3:2$로 내분하는 점을 R의 좌표는

$\left(\frac{3\times2+2\times2}{3+2},\ \frac{3\times(-10)+2\times10}{3+2},\ \frac{3\times5+2\times(-5)}{3+2}\right)$

즉, $R(2,\ -2,\ 1)$

따라서 $\overline{OR}=\sqrt{2^2+(-2)^2+1^2}=3$

26) 정답 ①

[출제자 : 오세준T]

[검토자 : 김수T]

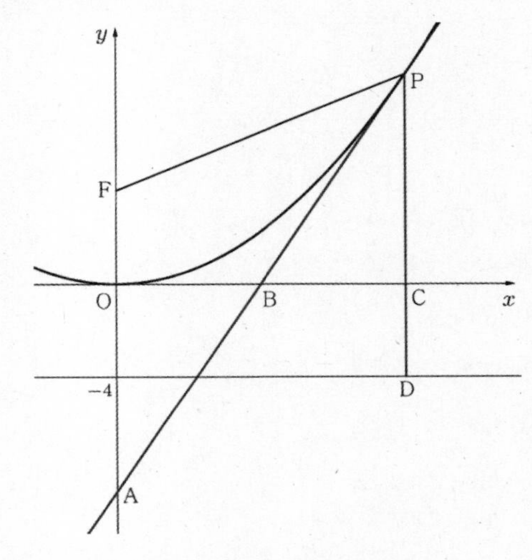

$x^2=16y=4py$이므로 $p=4$

초점 $F(0,\ 4)$, 준선의 방정식은 $y=-4$

점P의 좌표를 $(a,\ b)$라 하면

점P에서의 접선의 방정식은 $ax=8(y+b)$

y축과 만나는 점의 좌표가 $(0,\ -9)$이므로 $b=9$

또한, 점P에서의 접선의 방정식은 $\angle FPC$를 이등분하므로

$\angle FPB=\angle CPB$

$\overline{FA}$와 $\overline{PD}$는 평행하므로 $\angle OAB=\angle CPB$(엇각)

$\overline{FA}=13=\overline{PF}=\overline{PD}$이고

$\overline{PF}=\sqrt{(a-0)^2+(9-4)^2}=13$이므로 $a=12(a>0)$

따라서 접선의 방정식은 $12x=8(y+9)$

$y=\frac{3}{2}x-9$이므로 $m=\frac{3}{2}$, $n=-9$

$\therefore\ 10m+n=6$

27) 정답 ④
[출제자 : 오세준T]
[검토자 : 김종렬T]
점 H에서 평면 DEF에 내린 수선의 발을 N이라 하면
N은 선분 $\overline{DF}$ 위의 점이고 삼각형 HGF는 정삼각형이므로
점 H에서 선분 GF에 내린 수선의 발을 M이라 할 때, 점 M은 선분 GF의 중점이다. 이때 삼수선의 정리에 의해 $\overline{NM}\perp\overline{GF}$이다.

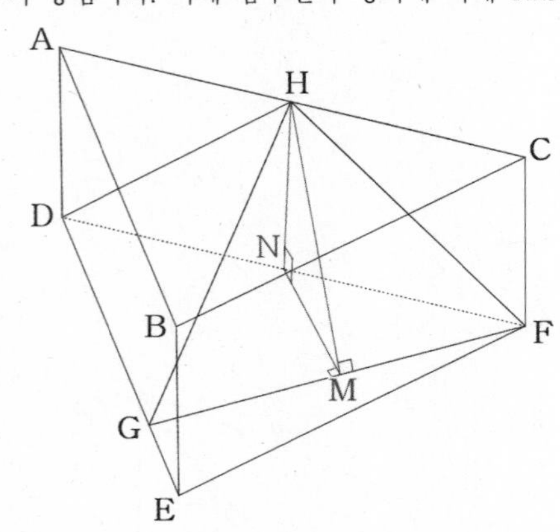

$\overline{DF}=4$이고, $\overline{DG}\perp\overline{FG}$이므로 $\overline{FG}=2\sqrt{3}$, $\overline{FM}=\sqrt{3}$
삼각형 HGF는 정삼각형이므로
$\overline{HM}=\frac{\sqrt{3}}{2}\times\overline{GF}=\frac{\sqrt{3}}{2}\times2\sqrt{3}=3$
$\angle NFM=30°$이므로
$\overline{NM}=\overline{FM}\times\tan30°=\sqrt{3}\times\frac{\sqrt{3}}{3}=1$
$\therefore\ \overline{HN}=\sqrt{3^2-1^2}=2\sqrt{2}$
따라서 사면체 HDGF의 부피는
$\frac{1}{3}\times\frac{1}{2}\times2\times2\sqrt{3}\times2\sqrt{2}=\frac{4\sqrt{6}}{3}$

28) 정답 ④
[출제자 : 황보성호T]
[검토자 : 이소영T]
두 점 O, A는 x축 위의 점이므로
조건 (가)에서 점 B에서 x축에 내린 수선의 발을 H라 하면
점 H는 선분 OA의 중점이어야 한다.
즉, 점 H의 좌표는 (1, 0, 0)이므로 점 B의 좌표를
$(1,\ a,\ b)\ (a<0,\ b<0)$
로 놓을 수 있다.
이때 $\overline{OB}=\overline{OA}=2$이어야 하므로
$\overline{OB}=\sqrt{1+a^2+b^2}=2$에서
$a^2+b^2=3$ $\cdots$ ㉠
점 B에서 zx평면에 내린 수선의 발을 I라 하면
$I(1,\ 0,\ b)$이므로 $\overline{BI}=-a$
이때 직선 OB와 zx평면이 이루는 예각의 크기는 $\angle BOI$이므로
조건 (나)에서
$\sin(\angle BOI)=\frac{\overline{BI}}{\overline{BO}}$, $\sin\frac{\pi}{4}=\frac{-a}{2}=\frac{\sqrt{2}}{2}$
$\therefore\ a=-\sqrt{2}$
㉠에서 $b=-1$
$\therefore\ B(1,\ -\sqrt{2},\ -1)$
한편, 조건 (다)에서 점 C는 yz평면 위에 있으므로
$l=0$
조건 (가)에서 $\overline{OC}=\overline{BC}=2$이므로
$\sqrt{0^2+m^2+n^2}=\sqrt{1^2+(m+\sqrt{2})^2+(n+1)^2}=2$
$m^2+n^2=m^2+n^2+2\sqrt{2}m+2n+4=4$
$m^2+n^2=4$이므로 $2\sqrt{2}m+2n=-4$, $\sqrt{2}m+n=-2$
$n=-\sqrt{2}m-2$
이를 $m^2+n^2=4$에 대입하면
$m^2+(-\sqrt{2}m-2)^2=4$, $3m^2+4\sqrt{2}m+4=4$
$3m^2+4\sqrt{2}m=0$
$m\neq0$이므로 $m=-\frac{4\sqrt{2}}{3}$
$n=-\sqrt{2}m-2=\frac{8}{3}-2=\frac{2}{3}$
따라서 $l^2+m^2+n^2=0+\frac{32}{9}+\frac{4}{9}=4$

29) 정답 17
[출제자 : 정일권T]
[검토 : 백상민T]
[검토자 : 황보성호T]
$|\overrightarrow{AP}|=\frac{\sqrt{2}}{4}|\overrightarrow{BD}|$을 만족시키는 점 P는 점 A를 중심으로 하고 반지름의 길이가 1인 원위 의 점이다. 두 점 P, Q에서 선분 BD에 내린 수선의 발을 각각 P′, Q′(=Q)이라 하면
$\overrightarrow{PQ}\cdot\overrightarrow{BD}=\overline{P'Q'}\times2\sqrt{2}=4$에서 $\overline{P'Q'}=\sqrt{2}$이다.
즉, 점 Q′(=Q)은 점 P′에서 점 D 방향으로의 거리가 $\sqrt{2}$인 점이다.
따라서 그림과 같이 P_1, P_2에 대응하는 Q_1에서 Q_2까지가 만족하는 Q의 자취이다.

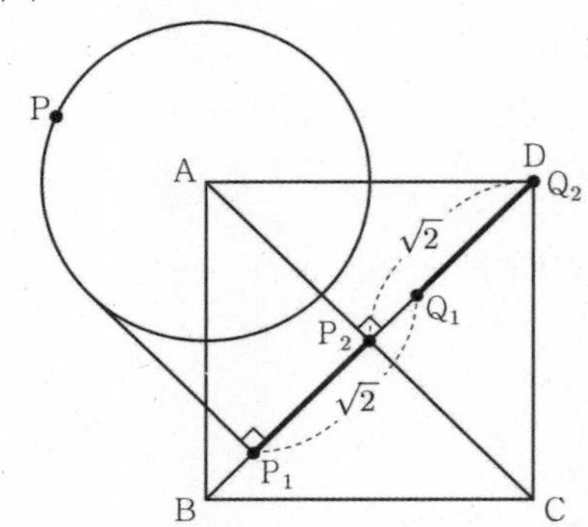

따라서 $|\overrightarrow{CQ}|^2$의 최소, 최대는 Q_1, Q_2일 때이다.
$|\overrightarrow{CQ}|^2$의 최솟값은 $|\overrightarrow{CQ_1}|^2=(\sqrt{2})^2+(\sqrt{2}-1)^2=5-2\sqrt{2}$

$|\overrightarrow{CQ}|^2$의 최댓값은 $|\overrightarrow{CQ_2}|^2 = 2^2 = 4$

따라서

$5-2\sqrt{2}+4=9-\sqrt{8}$이므로

$p+q=17$이다.

30) **정답** 176

[출제자 : 오세준T]

[검토자 : 김영식T]

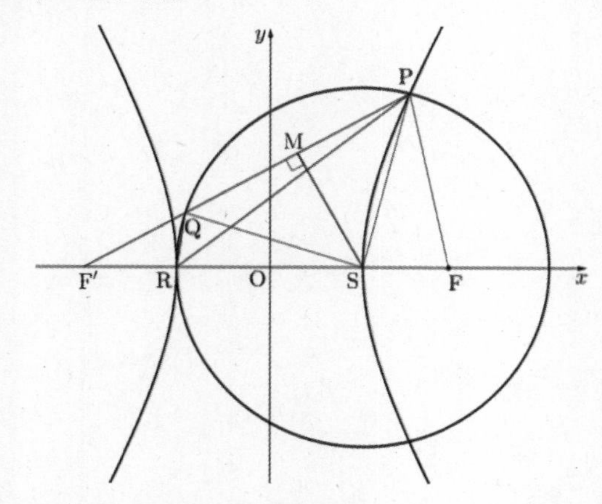

원의 반지름이 c이므로 $\overline{OF}=\overline{RS}$이고 $\overline{SF}=\overline{OS}=\overline{RO}$

$\overline{RS}=2k$라 하면 $\overline{F'S}=3k$, $\overline{PS}=2k$이고

$\overline{PF}=\overline{OF}$이므로

쌍곡선의 정의에 의해

$\overline{PF'}=\overline{PF}+\overline{RS}=4k$

삼각형 PF′S에서 $\angle PF'S=\theta$라 하면

코사인법칙에 의해

$$\cos\theta=\frac{(4k)^2+(3k)^2-(2k)^2}{2\times 4k\times 3k}$$

$$=\frac{21k^2}{24k^2}=\frac{7}{8}$$

$\overline{F'Q}=\frac{5}{2}$이므로 $\overline{PQ}=4k-\frac{5}{2}$

원의 중심 S에서 현 PQ에 내린 수선의 발을 M이라 하면

$\overline{MQ}=\frac{1}{2}\left(4k-\frac{5}{2}\right)=2k-\frac{5}{4}$이고

$\overline{MF'}=\frac{5}{2}+2k-\frac{5}{4}=2k+\frac{5}{4}$

삼각형 MF′S에서

$$\cos\theta=\frac{\overline{MF'}}{\overline{SF'}}=\frac{2k+\frac{5}{4}}{3k}=\frac{7}{8}$$이므로

$21k=16k+10,\ k=2$

$\overline{PF'}=8,\ \overline{F'R}=2$이고 $\sin\theta=\sqrt{1-\cos^2\theta}=\frac{\sqrt{15}}{8}$

삼각형 PQR의 넓이는 삼각형 PF′R에서 삼각형 QF′R을 뺀 것과 같으므로

$$S=\frac{1}{2}\times 8\times 2\times sin\theta-\frac{1}{2}\times\frac{5}{2}\times 2\times sin\theta$$

$$=8\times\frac{\sqrt{15}}{8}-\frac{5}{2}\times\frac{\sqrt{15}}{8}$$

$$=\frac{11\sqrt{15}}{16}$$

따라서 $p=16,\ q=11$이므로 $pq=176$

제 2교시

랑데뷰☆수학 모의고사 - 시즌2 3회 문제지

수학 영역

성명	

수험번호					—				

- 문제지의 해당란에 성명과 수험번호를 정확히 쓰시오.
- 답안지의 필적 확인란에 다음의 문구를 정자로 기재하시오.

랑데뷰☆수학 시즌2 제3회

- 답안지의 해당란에 성명과 수험 번호를 쓰고, 또 수험 번호와 답을 정확히 표시하시오.
- 단답형 답의 숫자에 '0'이 포함되면 그 '0'도 답란에 반드시 표시하시오.
- 문항에 따라 배점이 다르니, 각 물음의 끝에 표시된 배점을 참고하시오. 배점은 2점, 3점 또는 4점입니다.
- 계산은 문제지의 여백을 활용하시오.

※ 공통 과목 및 자신이 선택한 과목의 문제지를 확인하고, 답을 정확히 표시하시오.

※ 시험이 시작되기 전까지 표지를 넘기지 마시오.

랑데뷰

제 2 교시

수학 영역

5지선다형

1. $5^{\log_3 6} \times \left(\frac{1}{5}\right)^{\log_3 2}$ 의 값은? [2점]

① 1 ② 2 ③ 3 ④ 4 ⑤ 5

2. $\lim_{x \to 1} \frac{x^2+4x-5}{x-1}$ 의 값은? [2점]

① 4 ② 6 ③ 12 ④ 18 ⑤ 27

3. 함수 $f(x)=3x^2+2x$ 에 대하여 $\int_0^1 f(x)dx - \int_2^1 f(x)dx$ 의 값은? [3점]

① 10 ② 11 ③ 12 ④ 13 ⑤ 14

4. 두 등차수열 $\{a_n\}$, $\{b_n\}$ 에 대하여

$a_1+b_1=10$, $a_{10}+b_{10}=20$ 일 때, $\sum_{k=1}^{10} a_k + \sum_{k=1}^{10} b_k$ 의 값은? [3점]

① 100 ② 125 ③ 150 ④ 175 ⑤ 200

5. 함수 $f(x)$는 실수 전체의 집합에서 연속이고, 모든 실수 x에 대하여

$$\left(-\frac{1}{2}x+1\right)f(x)=(x^2+x-6)\left(\frac{1}{2}x-a\right)$$

을 만족시킨다. $f(2)=10$일 때, 상수 a의 값은? [3점]

① 1 ② 2 ③ 3 ④ 4 ⑤ 5

6. 1보다 큰 세 실수 a, b, c에 대하여
$\log_{c^2}a : \log_c \sqrt{b} = 3 : 2$일 때, $\log_a b + \log_b a$의 값은? [3점]

① $\frac{5}{6}$ ② $\frac{7}{6}$ ③ $\frac{3}{2}$ ④ $\frac{11}{6}$ ⑤ $\frac{13}{6}$

7. 양수 a, k에 대하여 함수 $f(x)$는

$$f(x)=k(x-a)(x-a-1)$$

이다. 곡선 $y=f(x)$와 x축으로 둘러싸인 부분의 넓이가 $\frac{1}{2}$일 때, $y=\{f(x)\}^2$와 x축으로 둘러싸인 부분의 넓이는? [3점]

① $\frac{1}{5}$ ② $\frac{3}{10}$ ③ $\frac{1}{2}$ ④ $\frac{5}{6}$ ⑤ $\frac{4}{3}$

8. 수열 $\{a_n\}$이 모든 자연수 n에 대하여

$$\sum_{k=1}^{n}(k+2)a_k = \frac{1}{n+1}$$

을 만족시킬 때, $\sum_{n=1}^{8} a_n$의 값은? [3점]

① $\frac{7}{90}$ ② $\frac{4}{45}$ ③ $\frac{1}{10}$ ④ $\frac{11}{90}$ ⑤ $\frac{2}{15}$

9. 좌표평면 위에 서로 다른 세 점 $\mathrm{A}(\log_3 8,\ 0)$, $\mathrm{B}(\log_3 5,\ 3a)$, $\mathrm{C}(a,\ -\log_3 8)$를 꼭짓점으로 하는 삼각형 ABC가 있다. 삼각형 ABC의 무게중심의 좌표가 $(\log_{27}5,\ 2b)$일 때, 3^{b-a}의 값은? [4점]

① 1 ② 2 ③ 3 ④ 4 ⑤ 5

10. 최고차항의 계수가 1인 사차함수 $f(x)$와 최고차항의 계수가 1인 이차함수 $g(x)$가 다음 조건을 만족시킨다.

(가) $f(0)=0$이고 함수 $|f(x)|$는 $x=\alpha$ $(\alpha>0)$에서만 미분가능하지 않다.
(나) 모든 실수 x에 대하여 $f(x)g(x) \geq 0$이고 함수 $f(x)g(x)$는 $x=\beta$에서 극댓값 16을 갖는다.

$\alpha \times \beta$의 값은? [4점]

① 6 ② 9 ③ 11 ④ 14 ⑤ 17

11. 공차가 d인 등차수열 $\{a_n\}$과 공비가 r인 등비수열 $\{b_n\}$이 다음 조건을 만족시킨다.

(가) d는 0이 아닌 정수이고, r은 $1<r^2<81$인 정수이다.
(나) $a_8=b_7=16$
(다) $a_6+b_4=b_9$

a_9+b_8의 최댓값과 최솟값의 합은? [4점]

① -25 ② -16 ③ 8 ④ 16 ⑤ 25

12. 실수 a에 대하여 원점을 출발하여 수직선 위를 움직이는 두 점 P, Q의 시각 $t(t \geq 0)$에서의 속도를 각각

$$v_1(t)=2t-\frac{3}{2},\ v_2(t)=t^2-at$$

라 하자. 점 P의 $t=2$에서의 위치와 시각 $t=0$에서 $t=2$까지 점 Q가 움직인 거리가 같을 때, 모든 a의 값의 합은? [4점]

① $\frac{-1+\sqrt{21}}{2}$ ② $\frac{1+\sqrt{21}}{2}$ ③ $\frac{2-\sqrt{21}}{2}$ ④ $\frac{3-\sqrt{21}}{2}$ ⑤ $\frac{2+\sqrt{21}}{2}$

13. 그림과 같이 중심이 O, 반지름의 길이가 $\frac{13}{2}$이고 중심각의 크기가 $\frac{\pi}{2}$인 부채꼴 OAB가 있다. 호 AB 위에 점 P를 $\overline{\mathrm{AP}}=5$가 되도록 잡는다. 직선 AP에 수직이고 점 P를 지나는 직선이 선분 OB와 만나는 점을 Q라 하고, 호 AP의 중점을 R라 하자. 삼각형 PQR의 넓이는? [4점]

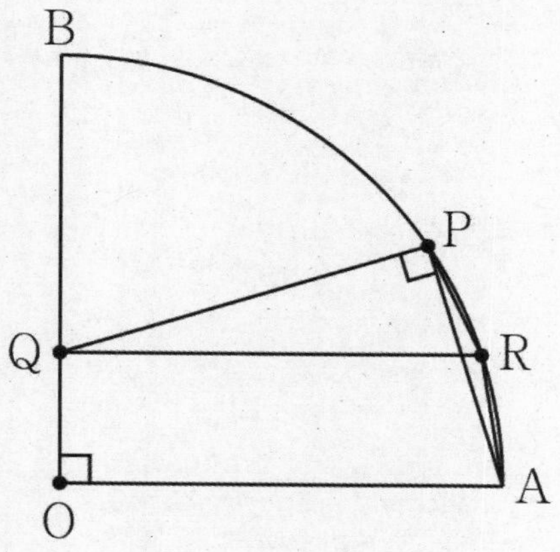

① $\frac{587}{96}$ ② $\frac{589}{96}$ ③ $\frac{591}{96}$ ④ $\frac{593}{96}$ ⑤ $\frac{595}{96}$

14. $ab<0$, $|c| \leq 10$인 세 정수 a, b, c에 대하여 함수 $f(x)$는

$$f(x)=\begin{cases} -(x+2a)^2(x-a) & (x<0) \\ (x+b)(x-2b)^2+c & (x \geq 0) \end{cases}$$

이다. 실수 t에 대하여 함수 $y=f(x)$의 그래프와 직선 $y=f(t)$가 만나는 점의 개수를 $g(t)$라 하자. 함수 $g(t)$가 $t=k$에서 불연속인 실수 k의 개수가 4가 되도록 하는 c의 최댓값과 최솟값의 곱은? [4점]

① -8 ② -16 ③ -32 ④ -64 ⑤ -81

15. 최고차항의 계수가 1인 삼차함수 $f(x)$가 다음 조건을 만족시킬 때, 함수 $f(x)$ 중 극댓값이 최대인 함수를 $f_1(x)$, 극댓값이 최소인 함수를 $f_2(x)$라 하자.

> (가) 곡선 $y=f(x)$와 직선 $y=-8x+3$이 만나는 점의 개수는 2이다.
>
> (나) $\lim_{x\to 0}\frac{f(x)-3}{x}=-7$

두 함수 $f_1(x)$, $f_2(x)$에 대하여 함수 $g(x)$를

$$g(x)=\begin{cases} f_2(x) & (x<0) \\ f_1(x) & (x \geq 0) \end{cases}$$

라 하자. 곡선 $y=g(x)$의 그래프와 함수 $g(x)$의 두 극점을 지나는 직선으로 둘러싸인 부분의 넓이는? [4점]

① 1　② $\frac{7}{6}$　③ $\frac{4}{3}$　④ $\frac{3}{2}$　⑤ $\frac{5}{3}$

단답형

16. 함수 $f(x)=x^3-2x+1$에 대하여 곡선 $y=f(x)$ 위의 $x=2$인 점에서의 접선의 기울기를 구하시오. [3점]

17. 함수 $y=3\sin x+\cos\left(x+\frac{3}{2}\pi\right)+2$의 최댓값을 M, 최솟값을 m이라 할 때, $M+m$ 의 값을 구하시오. [3점]

18. 양의 상수 a와 상수 b에 대하여 연속함수

$$f(x)=\begin{cases} x^3-ax^2-7x+b & (x \le a) \\ 3x^2-3ax & (x > a) \end{cases}$$

가 $\lim_{h\to 0-}\frac{f(a+h)-f(a)}{h}=2\times\lim_{h\to 0+}\frac{f(a+h)-f(a)}{h}$를 만족시킬 때, $a+b$의 값을 구하시오. [3점]

19. $-\frac{3}{2}\le x\le\frac{1}{2}$에서 함수 $f(x)=3^{x+1}\times\left(\frac{1}{27}\right)^x$의 최댓값을 M, 최솟값을 m이라 할 때, $M\times m$의 값을 구하시오. [3점]

20. 두 함수 $f(x)=x^3-3x^2+2$, $g(x)=ax-2a$ $(a\ne 0)$와 실수 t에 대하여 x에 대한 이차방정식

$$\{x-f(t)\}\{x-g(t)\}=0$$

의 실근 중에서 작지 않은 것을 $h(t)$라 하자. 함수 $y=h(t)$의 그래프와 직선 $y=k$가 서로 다른 네 점에서 만나도록 하는 실수 k가 존재하도록 하는 a의 값의 범위는 $m<a<M$이다. $M-m$의 값을 구하시오. [4점]

21. 그림과 같이 $a>1$인 상수 a와 $k>a+1$인 상수 k에 대하여 직선 $y=-x+k$가 두 곡선 $y=a^x$, $y=\log_a(x-1)-1$과 만나는 점을 각각 A, B라 할 때, $\overline{\mathrm{AB}}=\left(\frac{k+3}{3}\right)\sqrt{2}$이다. 직선 $y=-x+\frac{10}{3}k$가 두 곡선 $y=a^x$, $y=\log_a(x-1)-1$과 만나는 점을 각각 C, D라 할 때, $\overline{\mathrm{CD}}=(2k+1)\sqrt{2}$이다. $\overline{\mathrm{AC}}^2$의 값을 구하시오. [4점]

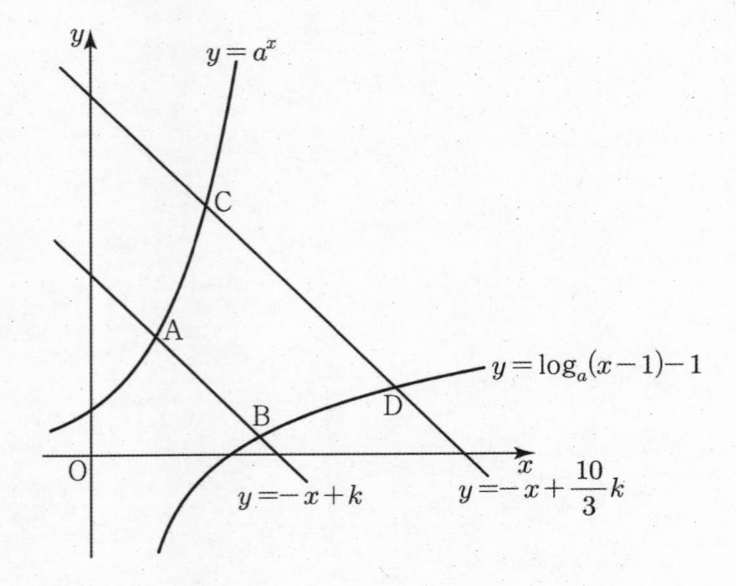

22. 모든 항이 자연수인 수열 $\{a_n\}$에 대하여 a_n을 3으로 나눌 때의 나머지를 r라 할 때,

$$a_{n+1}=\begin{cases}\dfrac{a_n}{3} & (r=0)\\[2ex] \dfrac{{a_n}^2+8}{3} & (r\neq 0)\end{cases}$$

를 만족시킬 때, $a_5+a_6=4$이 되도록 하는 모든 a_1의 값의 합을 구하시오. [4점]

* 확인 사항

○ 답안지의 해당란에 필요한 내용을 정확히 기입(표기)했는지 확인하시오.

○ 이어서, 「**선택과목(확률과 통계)**」 문제가 제시되오니, 자신이 선택한 과목인지 확인하시오.

제 2 교시

수학 영역(확률과 통계)

5지선다형

23. 이항분포 B$(36,\ p)$를 따르는 확률변수 X에 대하여 $\mathrm{E}\left(\frac{1}{3}X+2\right)=8$일 때, $\mathrm{V}(3X)$의 값은? [2점]

① 81 ② 83 ③ 85 ④ 87 ⑤ 89

24. 한 개의 주사위를 던질 때 짝수의 눈의 수가 나오는 사건을 A, 3의 배수의 눈의 수가 나오는 사건을 B라 하자. 이때, $\mathrm{P}(B\,|\,A)$의 값은? [3점]

① $\frac{1}{2}$ ② $\frac{1}{3}$ ③ $\frac{1}{4}$ ④ $\frac{1}{5}$ ⑤ $\frac{1}{6}$

25. 서로 다른 두 개의 주사위를 동시에 한 번 던져서 나온 눈의 수를 각각 a, b라 하자. 두 수의 합 $a+b$를 5로 나눈 나머지가 2일 때, 이 두 수의 곱 ab를 5로 나눈 나머지가 1일 확률은? [3점]

① $\frac{1}{2}$ ② $\frac{1}{3}$ ③ $\frac{1}{4}$ ④ $\frac{1}{5}$ ⑤ $\frac{1}{6}$

26. 좌표평면 위의 점 P는 한 번 이동할 때마다 다음 네 가지 중 한 가지 방법으로 이동한다.

(가) x축의 방향으로 1만큼 평행이동한다.
(나) x축의 방향으로 -1만큼 평행이동한다.
(다) y축의 방향으로 1만큼 평행이동한다.
(라) y축의 방향으로 -1만큼 평행이동한다.

원점 O에서 출발한 점 P가 5번 이동한 후에 처음으로 점 (2, 1)에 도착하는 경우의 수는? [3점]

① 32 ② 34 ③ 36 ④ 38 ⑤ 40

27. 확률변수 X는 정규분포 $\mathrm{N}(10, 2^2)$을 따르고, 확률변수 Y는 정규분포 $\mathrm{N}(m, 2^2)$을 따른다. 확률변수 X, Y의 확률밀도함수를 각각 $f(x), g(x)$라 할 때, $g(4) \le f(7) \le g(6)$이다. $f(a) = g(a)$인 실수 a에 대하여 $\mathrm{P}(m \le Y \le a)$의 값이 최댓값이 될 때의 m값과 최솟값이 될 때의 m의 값의 합은? [3점]

① 10 ② 12 ③ 14 ④ 16 ⑤ 18

28. 두 줄로 나열된 의자의 A열에 3개, B열에 4개로 구성된 총 7개의 좌석이 있다. 1학년 학생 2명, 2학년 학생 2명, 3학년 학생 3명 모두가 이 7개의 좌석 중 임의로 1개씩 선택하여 앉을 때, 다음 조건을 만족시키도록 앉을 확률은? (단, 한 좌석에는 한 명의 학생만 앉는다.) [4점]

(가) A열의 좌석에는 서로 다른 두 학년 또는 세 학년의 학생들이 앉고, 같은 학년의 학생끼리는 이웃하여 앉는다.
(나) B열의 좌석에는 같은 학년의 학생끼리 이웃하지 않도록 앉는다.

① $\frac{14}{105}$ ② $\frac{16}{105}$ ③ $\frac{6}{35}$ ④ $\frac{4}{21}$ ⑤ $\frac{34}{105}$

단답형

29. 세 명의 학생에게 서로 다른 종류의 그림카드 3장과 같은 종류 볼펜 9자루를 다음 규칙에 따라 남김없이 나누어 주는 경우의 수를 구하시오. (단, 볼펜은 모든 학생이 적어도 한 자루씩은 받는다.) [4점]

> (가) 그림 카드를 받지 못하는 학생이 존재한다.
> (나) 각 학생이 받는 그림 카드 수와 볼펜의 개수의 합은 6개 이하이다.

30. 이산확률변수 X가 갖는 값은 0, 1, 2, 3이고

$$\mathrm{P}(X=r) = {}_3\mathrm{C}_r \times \frac{2^r}{27} \ (r=0,\ 1,\ 2,\ 3)$$

이 성립된다. $\mathrm{E}(9X^2)$의 값을 구하시오. [4점]

> * 확인 사항
>
> ○ 답안지의 해당란에 필요한 내용을 정확히 기입(표기)했는지 확인하시오.
>
> ○ 이어서, 「**선택과목(미적분)**」 문제가 제시되오니, 자신이 선택한 과목인지 확인하시오.

제 2 교시

수학 영역(미적분)

5지선다형

23. $\int_{1}^{5} \frac{1}{x^2+x} dx$의 값은? [2점]

① $\ln 3$ ② $\ln \frac{13}{6}$ ③ $\ln 2$ ④ $\ln \frac{5}{3}$ ⑤ $\ln \frac{4}{3}$

24. 함수 $f(x) = \frac{x-1}{e^x}$ 의 극댓값은? [3점]

① $\frac{1}{e^2}$ ② $\frac{1}{e}$ ③ e ④ e^2 ⑤ e^3

25. 실수 전체 집합에서 미분가능한 함수 $f(x)$의 역함수를 $g(x)$라 할 때, $g(1)=2$, $f'(2)=2$이다. $y=f\left(\frac{1}{2}x+1\right)$의 역함수를 $h(x)$라 할 때, $h'(1)$의 값은? [3점]

① 0 ② $\frac{1}{2}$ ③ 1 ④ $\frac{3}{2}$ ⑤ 2

26. 모든 항이 실수인 두 수열 $\{a_n\}$, $\{b_n\}$이 모든 자연수 n에 대하여

$$\left(\frac{1-i}{\sqrt{2}}\right)^n = a_n + b_n \times i$$

를 만족시킬 때, 실수 r $(0<r<2)$에 대하여 $\sum_{n=1}^{\infty}\left(a_n{}^2+b_n{}^2-r\right)^{n-1}=\frac{3}{2}$이다. r의 값은? (단, $i=\sqrt{-1}$) [3점]

① $\frac{1}{3}$ ② $\frac{2}{3}$ ③ 1 ④ $\frac{4}{3}$ ⑤ $\frac{5}{3}$

27. 구간 $[0, \infty)$에서 정의된 연속함수 $f(x)$가 모든 양의 실수 x에 대하여 $f'(x)>0$을 만족시킨다. $t \geq 0$인 모든 실수 t에 대하여 $x=0$에서 $x=t$까지의 곡선 $y=f(x)$의 길이가 $\frac{1}{2}(t+1)^2+a$일 때, $f'(-2a)$의 값은? (단, a는 상수이다.) [3점]

① $\sqrt{3}$ ② 2 ③ $\sqrt{5}$ ④ $\sqrt{6}$ ⑤ $\sqrt{7}$

28. 양수 $t\left(t>\frac{\pi}{2}\right)$에 대하여 점 $(t,\ 0)$을 지나는 직선과 곡선 $y=\cos x\ \left(0<x<\frac{\pi}{2}\right)$가 접할 때, 접점의 x좌표를 $f(t)$라 하자. $f(\alpha)=\frac{\pi}{3}$, $f(\beta)=\frac{\pi}{6}$일 때, $\int_{\alpha}^{\beta}\frac{1}{t-f(t)}\,dt$의 값은? [4점]

① $\ln\frac{1}{3}$ ② $\ln\frac{\sqrt{2}}{4}$ ③ $\ln\frac{\sqrt{6}}{6}$ ④ $\ln\frac{1}{2}$ ⑤ $\ln\frac{\sqrt{3}}{3}$

단답형

29. 그림과 같이 좌표평면에 두 점 A(0, -1), B(0, 1)이 있다. 곡선 $y=x^2$위의 점 $\mathrm{P}_n(n, n^2)$에 대하여 $\angle \mathrm{AP}_n\mathrm{B}=\theta_n$이라 할 때, $\displaystyle\sum_{n=2}^{\infty}\frac{8\times\tan\theta_n}{\frac{n^4-2n^2-2n+1}{n^4+n^2-1}+\tan\theta_n}$의 값을 구하시오.
(단, n은 2이상의 자연수이다.) [4점]

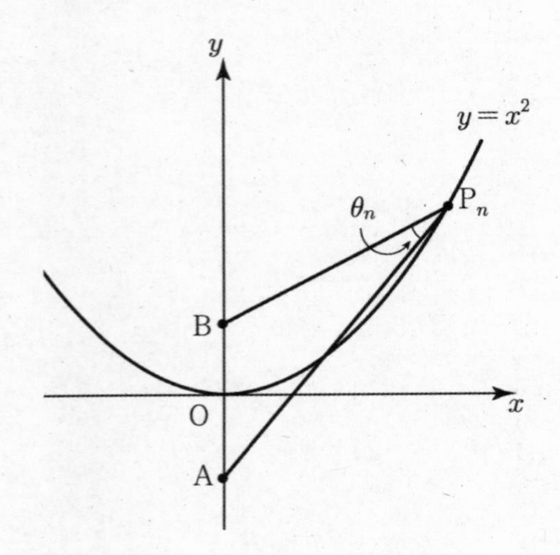

30. 좌표평면에 P$(\cos\theta, \sin\theta)$ $(0<\theta<\pi)$와 $Q(1, 0)$이 있고 점 A는 선분 PQ위에, 점 B는 선분 OQ위를 움직이며 선분 AB가 $\triangle$OPQ의 넓이를 이등분한다. 선분 AB중 가장 짧은 것의 길이를 l이라고 할 때, $l^2=f(\theta)$라 하자. $f(\theta)$의 최댓값을 M이라 할 때, $8M$의 값을 구하시오. [4점]

* 확인 사항

○ 답안지의 해당란에 필요한 내용을 정확히 기입(표기)했는지 확인하시오.

○ 이어서, 「**선택과목(기하)**」 문제가 제시되오니, 자신이 선택한 과목인지 확인하시오.

제 2 교시

수학 영역(기하)

5지선다형

23. 두 벡터 $\vec{a}=(5,\ 3)$, $\vec{b}=(2,\ 1)$에 대하여 벡터 $\vec{a}-\vec{b}$의 모든 성분의 합은? [2점]

① 1 ② 2 ③ 3 ④ 4 ⑤ 5

24. 쌍곡선 $\dfrac{(x-2)^2}{a}-\dfrac{(y-2)^2}{9}=1$의 두 초점의 좌표가 $(7,\ b)$, $(-3,\ b)$일 때, $a+b$의 값은? (단, a는 양수이다.) [3점]

① 18 ② 19 ③ 20 ④ 21 ⑤ 22

25. 좌표공간의 점 P(2, 10, -5)를 x축에 대하여 대칭이동시킨 점을 Q라 하자. 선분 PQ를 3 : 2로 내분하는 점을 R라 할 때, 선분 OR의 길이는? (단, O는 원점이다.) [3점]

① 1 ② 2 ③ 3 ④ 4 ⑤ 5

26. 초점이 F인 포물선 $x^2 = 16y$ 위에 점 P가 있다. 점 P에서 이 포물선의 접선의 방정식 $y = mx + n$이 y축과 만나는 점을 -9라 할 때, $10m + n$의 값은? (단, 점 P는 제1사분면 위의 점이다.) [3점]

① 6 ② 7 ③ 8 ④ 9 ⑤ 10

27. 그림과 같이 $\overline{AB}=4$인 정삼각기둥 ABC−DEF에서 선분 DE 위의 $\overline{DG}\perp\overline{FG}$인 점 G에 대하여 삼각형 HGF가 정삼각형일 때, 사면체 HDGF의 부피는? [3점]

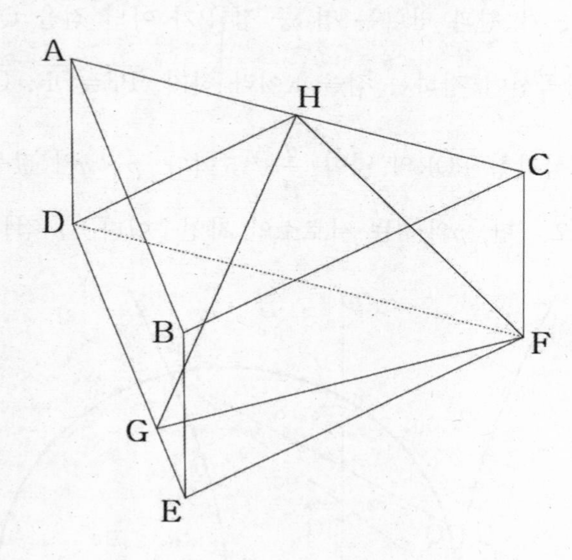

① $\frac{2}{3}$ ② $\frac{4}{3}$ ③ $\sqrt{6}$ ④ $\frac{4\sqrt{6}}{3}$ ⑤ $\frac{5\sqrt{6}}{3}$

28. 좌표공간에서 원점 O, 점 A(2, 0, 0)과 원점과 A가 아닌 서로 다른 두 점 B, C가 다음 조건을 만족시킨다.

(가) 삼각형 OAB와 삼각형 OBC는 모두 정삼각형이다.
(나) 직선 OB와 zx평면이 이루는 예각의 크기는 $\frac{\pi}{4}$이다.
(다) 직선 OC는 x축에 수직이다.

점 B의 y좌표와 z좌표는 모두 음수이고, 점 C의 y좌표가 0이 아닐 때, 점 C의 좌표를 (l, m, n)에 대하여 $l^2+m^2+n^2$의 값은? [4점]

① $\frac{11}{3}$ ② $\frac{34}{9}$ ③ $\frac{35}{9}$ ④ 4 ⑤ $\frac{37}{9}$

단답형

29. 한 변의 길이가 2인 정사각형 ABCD에 대하여 $|\overrightarrow{\mathrm{AP}}|=\frac{\sqrt{2}}{4}|\overrightarrow{\mathrm{BD}}|$인 점 P가 있다. 선분 BD 위의 점 Q에 대하여 $\overrightarrow{\mathrm{PQ}}\cdot\overrightarrow{\mathrm{BD}}=4$을 만족하고, $|\overrightarrow{\mathrm{CQ}}|^2$의 최댓값과 최솟값의 합 $p-\sqrt{q}$라 할 때, $p+q$의 값을 구하시오. [4점]

30. 그림과 같이 두 점 $\mathrm{F}(c,\ 0)$, $\mathrm{F'}(-c,\ 0)$ $(c>0)$을 초점으로 하는 쌍곡선이 있다. 이 쌍곡선이 점 S를 중심으로 하고 반지름이 c인 원과 제1사분면에서 만나는 점을 P라 하자. 선분 PF′가 원과 만나는 점 중 점 P가 아닌 점을 Q라 하고 원과 쌍곡선이 접하는 점을 R이라 하자. $\overline{\mathrm{PF}}=\overline{\mathrm{OF}}$, $\overline{\mathrm{QF'}}=\frac{5}{2}$라 할 때, 삼각형 PQR의 넓이 $\frac{q}{p}\sqrt{15}$이다. $p\times q$의 값을 구하시오. (단, p와 q는 서로소인 자연수이다.) [4점]

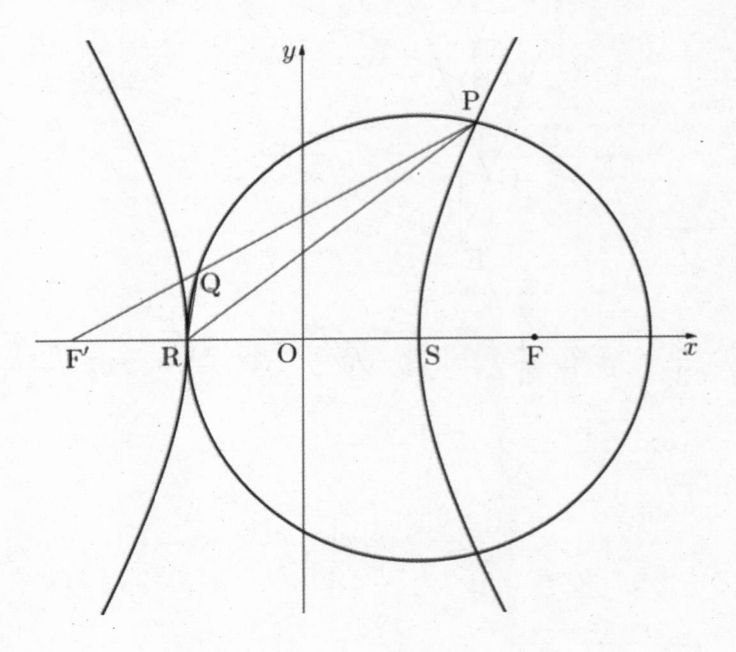

※ 확인 사항

○ 답안지의 해당란에 필요한 내용을 정확히 기입(표기)했는지 확인하시오.

※ 시험이 시작되기 전까지 표지를 넘기지 마시오.

제 2 교시

랑데뷰☆수학 모의고사 - 시즌2 1회 문제지

수학 영역

성명	

수험번호						—				

○ 문제지의 해당란에 성명과 수험번호를 정확히 쓰시오.

○ 답안지의 필적 확인란에 다음의 문구를 정자로 기재하시오.

랑데뷰☆수학 시즌2 제1회

○ 답안지의 해당란에 성명과 수험 번호를 쓰고, 또 수험 번호와 답을 정확히 표시하시오.

○ 단답형 답의 숫자에 '0'이 포함되면 그 '0'도 답란에 반드시 표시하시오.

○ 문항에 따라 배점이 다르니, 각 물음의 끝에 표시된 배점을 참고하시오. 배점은 2점, 3점 또는 4점입니다.

○ 계산은 문제지의 여백을 활용하시오.

※ 공통 과목 및 자신이 선택한 과목의 문제지를 확인하고, 답을 정확히 표시하시오.

※ 시험이 시작되기 전까지 표지를 넘기지 마시오.

랑데뷰

제 2 교시

수학 영역

5지선다형

1. $2^{\frac{2}{3}} \times 5^{-\frac{1}{3}} \times 10^{\frac{4}{3}}$ 의 값은? [2점]

① 18 ② 20 ③ 22 ④ 24 ⑤ 26

2. 곡선 $f(x)=x^3+1$위의 점 $(1,\ 2)$에서의 접선의 기울기는? [2점]

① -1 ② 0 ③ 3 ④ 4 ⑤ 6

3. $-\pi < \theta < 0$이고 $\tan\theta = \frac{4}{3}$일 때, $\sin\left(\frac{3}{2}\pi - \theta\right)$의 값은? [3점]

① $-\frac{4}{5}$ ② $-\frac{3}{5}$ ③ $\frac{3}{5}$ ④ $\frac{3}{4}$ ⑤ $\frac{4}{5}$

4. $\lim_{x\to1}\frac{\sqrt{x+a}-3}{x^2-3x+2}=b$ 를 만족하는 두 상수 a, b 의 곱 ab 의 값은? [3점]

① $-\frac{1}{6}$ ② $-\frac{1}{3}$ ③ $-\frac{4}{3}$ ④ -2 ⑤ -3

5. 함수 $f(x)=\dfrac{x-1}{x^2+6x+a}$ 이 모든 실수 x에서 연속이 되도록 하는 정수 a의 최솟값은? [3점]

① 9 ② 10 ③ 11 ④ 12 ⑤ 13

6. 두 양수 a, b와 0이 아닌 두 실수 p, q에 대하여 $p=\log_3\sqrt{a}$, $b=5^q$, $b^{\log_{\sqrt{5}}a}=81$ 일 때, p^2+q^2 의 최솟값은? [3점]

① 1 ② 2 ③ 3 ④ 4 ⑤ 5

7. 함수

$$f(x)=\sin^2\left(x-\frac{5}{6}\pi\right)+a\cos\left(x+\frac{7}{6}\pi\right)$$

의 최댓값이 4일 때, 양수 a의 값은? [3점]

① 1 ② 2 ③ 3 ④ 4 ⑤ 5

8. 두 다항함수 $f(x)$, $g(x)$에 대하여

$$(2x+3)f(x)-2xg(x)=\int_0^x g(t)dt+x^2+3,\ f(0)=g(0)$$

일 때, $f'(0)$의 값은? [3점]

① $\frac{1}{3}$ ② $\frac{2}{3}$ ③ 1 ④ $\frac{4}{3}$ ⑤ $\frac{5}{3}$

9. 좌표평면 위의 두 점 $(0, 0)$, $(k, \log_3 8)$를 지나는 직선이 함수 $f(x)=x^2+2$의 그래프 위의 점 $(\log_2 9, f(\log_2 9))$에서의 접선과 수직일 때, k의 값은? [4점]

① -13 ② -12 ③ -11 ④ -10 ⑤ -9

10. 양수 a에 대하여 수직선 위를 움직이는 점 P의 시각 t $(t \geq 0)$에서의 속도 $v(t)$가

$$v(t)=3t^2-at$$

이다. 실수 b에 대하여 시각 $t=0$에서 점 P의 위치가 b이고, 시각 $t=a$에서 점 P의 위치는 0이다. 점 P가 움직이는 동안 위치의 최솟값이 -14일 때, $a\times b$의 값은? [4점]

① $-\frac{73}{2}$ ② $-\frac{75}{2}$ ③ $-\frac{77}{2}$ ④ $-\frac{79}{2}$ ⑤ $-\frac{81}{2}$

11. 공차가 정수인 두 등차수열 $\{a_n\}$, $\{b_n\}$과 자연수 k가 다음 조건을 만족시킨다.

> (가) $|a_1 - b_1| = 4$
> (나) $a_k = b_k$, $a_{k+1} > b_{k+1}$

$\sum_{n=1}^{k} a_n = 10$일 때, $\sum_{n=1}^{k} b_n$의 최댓값과 최솟값의 합은? [4점]

① 30 ② 32 ③ 34 ④ 36 ⑤ 38

12. 실수 $a\left(0 < a < \frac{1}{2}\right)$에 대하여 함수 $f(x)$는

$$f(x) = \begin{cases} -x^2 + ax & (x < a) \\ x^2 - x - a^2 + a & (x \geq a) \end{cases}$$

이다 함수 $g(x) = \int_0^x f(t)dt$의 최솟값이 0이 되도록 하는 a의 최솟값은? [4점]

① $\frac{1}{7}$ ② $\frac{1}{6}$ ③ $\frac{1}{5}$ ④ $\frac{1}{4}$ ⑤ $\frac{1}{3}$

13. 그림과 같이

$$\angle \mathrm{ABC} = \frac{\pi}{3},\ \overline{\mathrm{AC}} = 5\sqrt{3}$$

인 삼각형 ABC가 있다. 삼각형 ABC의 외접원의 중심을 O, 직선 AO가 변 BC와 만나는 점을 D라 하자. 중심이 O′인 삼각형 ABD의 외접원의 넓이가 $\frac{64}{3}\pi$일 때, 삼각형 AOO′의 외접원의 넓이는? [4점]

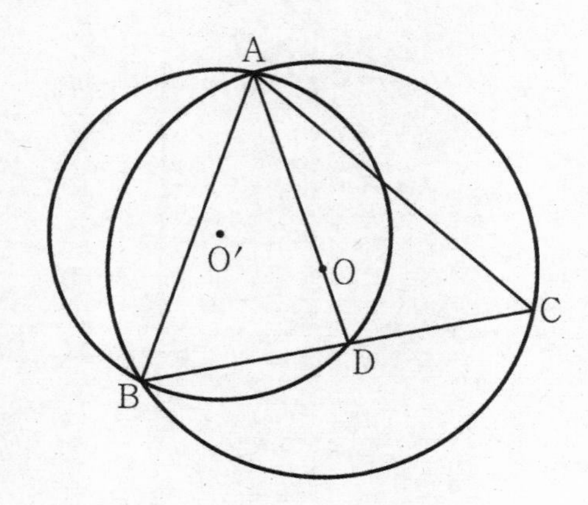

① $\frac{17}{3}\pi$ ② 6π ③ $\frac{19}{3}\pi$ ④ $\frac{20}{3}\pi$ ⑤ 7π

14. 최고차항의 계수가 1인 사차함수 $f(x)$와 실수 t에 대하여 곡선 $y=f(x)$ 위의 점 $(t, f(t))$에서의 접선의 y절편을 $g(t)$라 하자. 두 함수 $f(x)$, $g(t)$가 다음 조건을 만족시킨다.

> (가) 방정식 $f(x)=0$의 서로 다른 실근은 0과 a 뿐이다.
> (나) $\{f(k)\}^2+\{g(k)\}^2=0$을 만족시키는 실수 k의 개수는 2이다.

$f'(0)=8$일 때, $f(2a)$의 값은? [4점]

① 1 ② 8 ③ 27 ④ 32 ⑤ 64

15. 수열 $\{a_n\}$이 모든 자연수 n에 대하여

$$a_{n+1}=\begin{cases}2a_n & (a_n>n)\\ 3n-3+2a_n & (a_n \le n)\end{cases}$$

을 만족시킬 때, $a_5=24$가 되도록 하는 모든 a_1의 합을 S, 모든 a_1의 개수를 m이라 하자. $S+m$의 값은? [4점]

① $\frac{17}{4}$ ② $\frac{19}{4}$ ③ $\frac{21}{4}$ ④ $\frac{23}{4}$ ⑤ $\frac{25}{4}$

단답형

16. $\sum_{k=1}^{20} a_k=10$, $\sum_{k=1}^{20} b_k=5$일 때, $\sum_{k=1}^{20}(3a_k-2b_k)$의 값을 구하시오. [3점]

17. 곡선 $y=x^3+3x^2+4x$ 위의 점 (a, b)에서의 접선의 방정식이 $y=4x+4$일 때, $2ab$의 값을 구하시오. [3점]

18. $-\frac{\pi}{3} \le x \le \frac{2}{3}\pi$에서 정의된 함수

$$f(x)=k\cos\left(x+\frac{\pi}{3}\right)+2$$

가 $x=\alpha$에서 최솟값 -4를 가질 때, $k\times\alpha$의 최댓값을 M, 최솟값을 m이라 하자. $\frac{M+m}{\pi}$의 값을 구하시오. (단, k는 상수이다.) [3점]

19. 다항함수 $f(x)$, $g(x)$가 모든 실수 x에 대하여 등식

$$g(x)=xf(x)+4x^3+x\int_1^x f(t)dt$$

를 만족시킨다. $g(1)=g'(1)=0$일 때, $\frac{f'(1)}{f(1)}$의 값을 구하시오. [3점]

20. 두 다항함수 $f(x)$, $g(x)$가 모든 실수 x에 대하여

$$xg(x)=(x^2-2)f(x)-2x^4+x^2+x$$

을 만족시킨다.

$$\lim_{x\to\infty}\frac{g(x)}{x^4}=0,\ \lim_{x\to1}\frac{f(x)+g(x)}{f(x-1)}\times\lim_{x\to\infty}\frac{\{f(x)\}^2}{x^2g(x)}=7$$

일 때, $f(7)$의 최솟값을 구하시오. [4점]

21. $k>1$인 상수 k에 대하여 함수 $f(x)$는

$$f(x)=\begin{cases}\log_8(-x)-k & (x<0)\\ \left|\dfrac{\log_2(x+8)}{3}-k\right| & (x \geq 0)\end{cases}$$

이다. 실수 t $(t>0)$에 대하여 x에 대한 방정식 $f(x)=t$의 모든 실근의 합을 $g(t)$라 하자. 부등식 $g(t) \leq -8$을 만족시키는 t의 최솟값이 3일 때, $|f(-2k)|$의 값을 구하시오. [4점]

22. 함수 $f(x)=|x^3-3x^2+4|$과 실수 t에 대하여 닫힌구간 $[t, t+2]$에서의 함수 $f(x)$의 최솟값을 $g(t)$라 하자. 함수 $g(t)$의 극댓값의 최댓값은 $p+q\sqrt{6}$이다. $\left|\dfrac{p}{q}\right|$의 값을 구하시오. (단, p와 q는 유리수이다.) [4점]

* 확인 사항

○ 답안지의 해당란에 필요한 내용을 정확히 기입(표기)했는지 확인하시오.

○ 이어서, 「**선택과목(확률과 통계)**」 문제가 제시되오니, 자신이 선택한 과목인지 확인하시오.

제 2 교시

수학 영역(확률과 통계)

5지선다형

23. 확률변수 X에 대하여 $\mathrm{E}(X)=4$, $\mathrm{V}(X)=9$일 때, $\mathrm{E}(X^2)$의 값은? [2점]

① 25 ② 36 ③ 49 ④ 64 ⑤ 81

24. 두 사건 A와 B에 대하여

$$\mathrm{P}(A\cap B)=\frac{1}{8},\ \mathrm{P}(A\cap B^C)=\frac{1}{2}$$

일 때, $\mathrm{P}(B|A)$의 값은? (단, B^C은 B의 여사건이다.) [3점]

① $\frac{1}{24}$ ② $\frac{3}{8}$ ③ $\frac{5}{24}$ ④ $\frac{1}{5}$ ⑤ $\frac{1}{3}$

25. 방정식 $x+y+z+w=4$ 를 만족시키는 음이 아닌 정수해의 순서쌍 $(x,\ y,\ z,\ w)$ 의 개수는? [3점]

① 35 ② 36 ③ 37 ④ 38 ⑤ 39

26. 모평균이 10, 모표준편차가 3인 정규분포를 따르는 모집단에서 크기가 25인 표본을 임의추출하여 구한 표본평균을 $\overline{X}$ 라 할 때,

$$\mathrm{P}(\overline{X} \geq k) = 0.0228$$

을 만족시키는 상수 k의 값을 오른쪽 표준정규분포표를 이용하여 구하면? [3점]

z	$\mathrm{P}(0 \leq Z \leq z)$
1.2	0.3849
1.4	0.4192
1.5	0.4332
2.0	0.4772
2.5	0.4938

① 10.3 ② 10.6 ③ 10.9 ④ 11.2 ⑤ 11.5

27. 어느 학급은 남학생 19명, 여학생 17명으로 이루어져 있다. 이 학급의 모든 학생은 미적분과 기하 중 한 과목만 수업을 받는다고 한다. 남학생 중에서 미적분 수업을 받는 학생은 13명이고, 여학생 중에서 기하 수업을 받는 학생은 8명이다. 이 학급에서 선택된 한 학생이 미적분 수업을 받는다고 할 때, 이 학생이 여학생일 확률은? [3점]

① $\frac{7}{22}$ ② $\frac{4}{11}$ ③ $\frac{9}{22}$ ④ $\frac{5}{11}$ ⑤ $\frac{11}{22}$

28. 1부터 7까지 적힌 카드가 있다. 이 카드를 중복 허락하여 세 수를 뽑아 작은 수부터 a, b, c라 하자. 세 수가 $a+2 \le b \le c$를 만족시킬 때, 각 자리 숫자의 합이 12 이하가 될 확률은? (단, $1 \le a \le b \le c \le 7$) [4점]

① $\frac{3}{7}$ ② $\frac{5}{7}$ ③ $\frac{3}{8}$ ④ $\frac{5}{8}$ ⑤ $\frac{7}{8}$

단답형

29. 확률변수 X는 평균이 m(m은 자연수), 표준편차가 2인 정규분포를 따르고, 확률변수 Y는 평균이 $2m$, 표준편차가 σ인 정규분포를 따른다. 두 확률변수 X, Y가 다음 조건을 만족시킬 때, $m\times\sigma$의 값을 구하시오. [4점]

(가) 자연수 a에 대하여 $\mathrm{P}(a\le X\le a+5)$가 최댓값을 갖도록 하는 모든 a의 값의 합은 15이다.
(나) $\mathrm{P}(X\ge 15)+\mathrm{P}(Y\ge 10)=1$

30. 집합 $X=\{1,\ 2,\ 3,\ 4,\ 5\}$에 대하여 다음 조건을 만족시키는 함수 $f : X\to X$의 개수를 구하시오. [4점]

(가) $f(1)\le f(2)$
(나) $f(3)<f(4)<f(5)$
(다) 집합 X의 서로 다른 두 원소 중 $f(a)=b$, $f(b)=a$를 만족시키는 두 원소 a, b가 존재한다.

＊ 확인 사항

○ 답안지의 해당란에 필요한 내용을 정확히 기입(표기)했는지 확인하시오.

○ 이어서, 「**선택과목(미적분)**」 문제가 제시되오니, 자신이 선택한 과목인지 확인하시오.

(제 2 교시)

수학 영역(미적분)

5지선다형

23. $\lim_{x\to 0}\frac{\sin 5x - \sin 3x}{\sin x}$의 값은? [2점]

① 1 ② $\frac{3}{2}$ ③ 2 ④ $\frac{5}{2}$ ⑤ 3

24. 함수 $f(x)$의 도함수가 $f'(x) = \sin x$일 때, $f(\pi) - f(0)$의 값은? [3점]

① 1 ② 2 ③ 3 ④ 4 ⑤ 5

25. 등비수열 $\{a_n\}$이 다음 조건을 만족시킬 때, a_2의 값은? [3점]

> (가) $\lim_{n \to \infty} \frac{a_n}{\left(\frac{1}{4}\right)^n + \left(\frac{1}{2}\right)^n}$ 이 0이 아닌 값으로 존재한다.
>
> (나) $\sum_{n=1}^{\infty} (a_n + a_{n+1}) = 3$

① $\frac{1}{3}$ ② $\frac{1}{2}$ ③ 1 ④ 2 ⑤ 3

26. $x \geq 0$에서 정의된 함수 $f(x) = (x^4 + x^2)^{\frac{1}{4}}$에 대하여 곡선 $y = f(x)$와 x축 및 두 직선 $x = 0$, $x = \sqrt{3}$으로 둘러싸인 부분을 밑면으로 하고 x축에 수직인 평면으로 자른 단면이 모두 정사각형인 입체도형의 부피는? [3점]

① $\frac{7}{3}$ ② $\frac{8}{3}$ ③ 3 ④ $\frac{10}{3}$ ⑤ $\frac{11}{3}$

27. 그림과 같이 $y=2$ 위에 제1사분면에서 움직이는 점 P 와 $y=-1$ 위에 제4사분면에서 움직이는 점 Q 가 있다. 두 점 P 와 Q 가 $\angle\mathrm{POQ}=\frac{\pi}{3}$ 가 되도록 움직일 때, 삼각형 OPQ 의 넓이가 최솟값을 가질 때, 선분 PQ의 길이는? [3점]

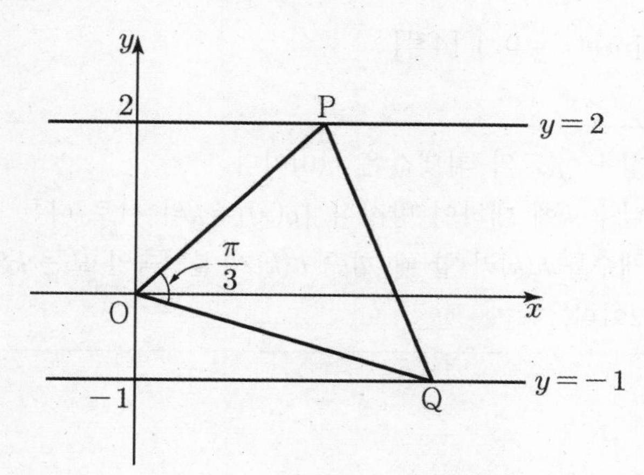

① $\frac{5\sqrt{2}}{2}$ ② $2\sqrt{3}$ ③ $\frac{5\sqrt{3}}{3}$ ④ $5\sqrt{3}$ ⑤ $\frac{7\sqrt{2}}{2}$

28. $0<x<\pi$에서 정의된 두 함수 $f(x)=\sin 2x$, $g(x)=\frac{a}{\sin x}$ $(a>0)$의 그래프가 점 $\mathrm{B}(b,\ f(b))$에서 접한다. 곡선 $y=g(x)$와 직선 $y=f(b)$가 만나는 점 중 B가 아닌 점을 C라 할 때, 점 C의 x좌표는 c이다. 곡선 $y=g(x)$와 두 직선 $x=b$, $x=c$ 및 x축으로 둘러싸인 부분의 넓이는? [4점]

① $\frac{4\sqrt{3}}{9}\ln(2+\sqrt{3})$ ② $\frac{4\sqrt{3}}{9}\ln(2-\sqrt{3})$

③ $\frac{2\sqrt{3}}{9}\ln(2+\sqrt{3})$ ④ $\frac{2\sqrt{3}}{9}\ln(2-\sqrt{3})$

⑤ $\frac{4\sqrt{3}}{3}\ln(2+\sqrt{3})$

단답형

29. 자연수 k와 정의역이 $\{x \mid x \geq 1\}$인 함수

$$f(x)=\sum_{n=1}^{\infty}\frac{k(x-1)^{k-2}}{x^{n+k}}$$

이 다음 조건을 만족시킬 때, 급수 $30\times\sum_{n=1}^{\infty}\frac{f(k)}{k^{n-2}}$의 합을 구하시오. [4점]

> 어떤 실수 a에 대하여 $\lim_{x\to a+}f(x)$의 값은 존재하고
> $\lim_{x\to a+}f(x)-f(a)>0$이다.

30. 일차함수 $f(x)$와 실수 t에 대하여 함수

$$g(x)=f(x)e^{\int_0^x f(t)dt}$$

이 다음 조건을 만족시킬 때, $f(-2)$의 값을 구하시오. $\left(\text{단, } \lim_{x\to\infty}g(x)=0\right)$ [4점]

> (가) 함수 $g(x)$의 최댓값은 $g(0)$이다.
> (나) 실수 k에 대하여 방정식 $|g(x)|=k$의 서로 다른 실근의 개수를 $h(k)$라 할 때, 함수 $h(k)$가 불연속인 모든 k의 합은 2이다.

> * 확인 사항
> ○ 답안지의 해당란에 필요한 내용을 정확히 기입(표기)했는지 확인하시오.
> ○ 이어서, 「**선택과목(기하)**」 문제가 제시되오니, 자신이 선택한 과목인지 확인하시오.

제 2 교시

수학 영역(기하)

5지선다형

23. 두 벡터 $\vec{a}=(-5,\ 3)$, $\vec{b}=(1,\ 2)$에 대하여 벡터 $\vec{a}+\vec{b}$의 모든 성분의 합은? [2점]

① 1　② 2　③ 3　④ 4　⑤ 5

24. 쌍곡선 $3x^2-y^2+2y-13=0$의 두 초점 중 x좌표가 양수인 점의 좌표는 $(a,\ b)$이다. $a\times b$의 값은? (단, a, b는 상수이다.) [3점]

① 4　② $\frac{9}{2}$　③ 5　④ $\frac{11}{2}$　⑤ 6

25. 좌표공간에서 두 점 A(1, 4, 0), B(−4, 2, 3)을 이은 선분 AB를 1 : 2로 내분하는 점을 P, 1 : 2로 외분하는 점을 Q라 하고 선분 PQ를 2 : 3으로 외분하는 점을 R라 할 때, 선분 OR의 길이는? (단, O는 원점이다.) [3점]

① $\sqrt{277}$ ② $\sqrt{278}$ ③ $3\sqrt{31}$ ④ $2\sqrt{70}$ ⑤ $\sqrt{281}$

26. 두 평면벡터 $\vec{a}$, $\vec{b}$가

$$|\vec{a}|=1,\ |\vec{b}|=2,\ |2\vec{a}-\vec{b}|=\sqrt{5}$$

를 만족시킬 때, 두 평면벡터 $\vec{a}$, $\vec{b}$가 이루는 각을 θ라 하자. $\cos\theta$의 값은? [3점]

① $\frac{1}{8}$ ② $\frac{3}{16}$ ③ $\frac{1}{4}$ ④ $\frac{5}{16}$ ⑤ $\frac{3}{8}$

27. 두 초점이 F, F′인 쌍곡선 $\frac{x^2}{a^2}-\frac{y^2}{9}=-1$ 위의 점 중 제 1사분면에 있는 점 P가 있다. y축 위의 점 $A(0,1)$에 대하여 △PFA와 △PF′A의 넓이비가 $\overline{\mathrm{PF}}$와 $\overline{\mathrm{PF'}}$의 길이비와 같고, $\angle \mathrm{FPF'}=\theta$라 할 때 $\cos\theta=\frac{23}{27}$을 만족한다. 삼각형 FPF′의 둘레의 길이와 양수 a의 합은? [3점]

① 40 ② 41 ③ 42 ④ 43 ⑤ 44

28. 그림과 같이 꼭짓점이 원점인 포물선과 중심이 원점인 타원이 초점 F를 공유하고 있다. 타원이 x축과 만나는 점을 각각 P,Q, 타원과 포물선이 만나는 점을 각각 A, B라 하자. $\overline{\mathrm{AB}}$가 초점 F를 지나며 그 길이가 8일 때, $\overline{\mathrm{AP}}^2-\overline{\mathrm{BQ}}^2$의 값은? (단, 점 P의 x좌표가 점 Q의 x좌표보다 작다.) [4점]

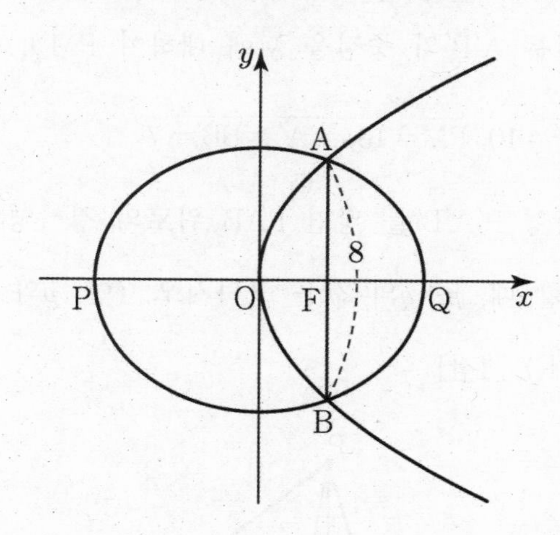

① $8(1+\sqrt{2})$ ② $10(1+\sqrt{2})$ ③ $12(1+\sqrt{2})$ ④ $14(1+\sqrt{2})$ ⑤ $16(1+\sqrt{2})$

단답형

29. 공간에 평면 α가 있다. 평면 α 위에 있지 않은 서로 다른 세 점 A, B, P의 평면 α 위로의 정사영을 각각 A′, B′, P′이라 하고, 선분 A′B′를 지름으로 하는 평면 α 위의 원 C가 점 P′를 지난다. 선분 A′B′의 중점을 M에 대하여 $\overline{\mathrm{PM}} \perp \overline{\mathrm{A'B'}}$이고,

$$\overline{\mathrm{A'B'}}=10,\ \overline{\mathrm{PM}}=13,\ \overline{\mathrm{AA'}}=\overline{\mathrm{BB'}}=7$$

이다. 삼각형 P′A′B′를 평면 PAB 위로의 정사영의 넓이를 $\frac{q}{p}\sqrt{2}$라 할 때, $p+q$의 값을 구하시오. (단, p와 q는 서로소인 자연수이다.) [4점]

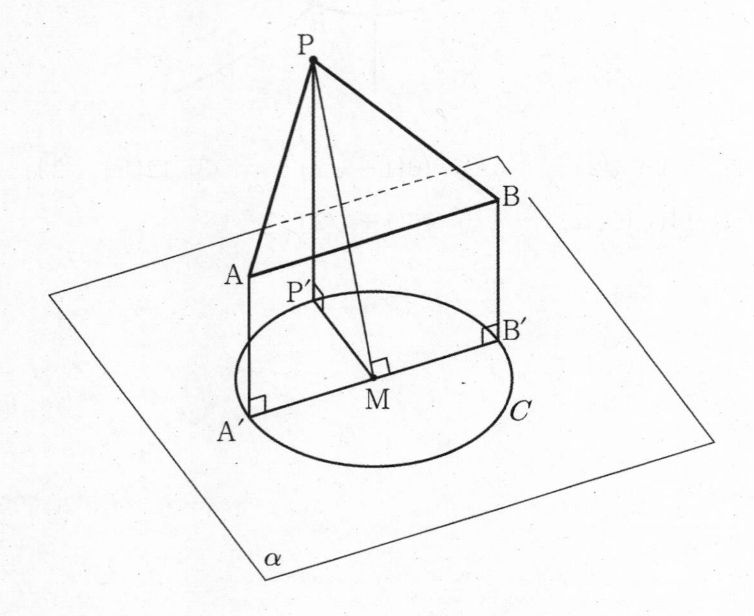

30. $\angle \mathrm{BAC}=\frac{\pi}{2}$인 $\triangle \mathrm{ABC}$와 내부의 점 P가 다음 조건을 만족시킨다.

> (가) $|\overrightarrow{\mathrm{AB}}|=1$, $|\overrightarrow{\mathrm{AC}}|=\sqrt{3}$
> (나) $\dfrac{\overrightarrow{\mathrm{PA}}}{|\overrightarrow{\mathrm{PA}}|}+\dfrac{\overrightarrow{\mathrm{PB}}}{|\overrightarrow{\mathrm{PB}}|}+\dfrac{\overrightarrow{\mathrm{PC}}}{|\overrightarrow{\mathrm{PC}}|}=0$
> (다) $|\overrightarrow{\mathrm{PA}}+\overrightarrow{\mathrm{PB}}|=k|\overrightarrow{\mathrm{PC}}|$

상수 k에 대하여 $k^2=\frac{q}{p}$일 때, $p+q$의 값을 구하시오. [4점]

> * 확인 사항
> ○ 답안지의 해당란에 필요한 내용을 정확히 기입(표기)했는지 확인하시오.

※ 시험이 시작되기 전까지 표지를 넘기지 마시오.

제 2 교시

랑데뷰☆수학 모의고사 - 시즌2 2회 문제지

수학 영역

성명	

수험번호						—				

○ 문제지의 해당란에 성명과 수험번호를 정확히 쓰시오.

○ 답안지의 필적 확인란에 다음의 문구를 정자로 기재하시오.

랑데뷰☆수학 시즌2 제2회

○ 답안지의 해당란에 성명과 수험 번호를 쓰고, 또 수험 번호와 답을 정확히 표시하시오.

○ 단답형 답의 숫자에 '0'이 포함되면 그 '0'도 답란에 반드시 표시하시오.

○ 문항에 따라 배점이 다르니, 각 물음의 끝에 표시된 배점을 참고하시오. 배점은 2점, 3점 또는 4점입니다.

○ 계산은 문제지의 여백을 활용하시오.

※ 공통 과목 및 자신이 선택한 과목의 문제지를 확인하고, 답을 정확히 표시하시오.

※ 시험이 시작되기 전까지 표지를 넘기지 마시오.

랑데뷰

제 2 교시

수학 영역

5지선다형

1. $\sin\frac{5}{6}\pi+\cos2\pi$의 값은? [2점]

① $-\frac{3}{2}$ ② $-\frac{1}{2}$ ③ 0 ④ $\frac{1}{2}$ ⑤ $\frac{3}{2}$

2. 다항함수 $f(x)$에 대하여 $f(2)=2$, $f'(2)=3$일 때, $\lim_{x\to2}\frac{f(x)-x}{x-2}$의 값은? [2점]

① 1 ② 2 ③ 3 ④ 4 ⑤ 5

3. 등차수열 $\{a_n\}$이 $\sum_{k=1}^{n}a_{2k-1}=n^2+2n$을 만족시킬 때, a_7의 값은? [3점]

① 6 ② 7 ③ 8 ④ 9 ⑤ 10

4. 부등식 $9^{3x-4}\le\left(\frac{1}{3}\right)^{2x^2}$ 을 만족시키는 정수 x의 개수는? [3점]

① 2 ② 4 ③ 6 ④ 8 ⑤ 10

5. 다항함수 $f(x)$가 $\lim_{x\to1}\frac{\int_1^x f(t)\,dt-f(x)}{x^2-1}=1$를 만족할 때, $f'(1)$의 값은? [3점]

① -4 ② -2 ③ 0 ④ 2 ⑤ 4

6. 함수 $f(x)=2^{1-x}+2$에 대하여 $|f(a+1)-f(a)|=5$을 만족시키는 상수 a의 값은? [3점]

① $-\log_2 5$ ② $-\log_5 2$ ③ $\log_5 2$
④ $\log_2 5$ ⑤ $2\log_2 5$

7. $a_1=7,\ a_2=10$인 수열 $\{a_n\}$이 모든 자연수 n에 대하여

$$a_{2n}+a_{2n+1}=6,\ a_{2n+2}-a_{2n}=3$$

을 만족시킬 때, $a_{20}+\sum_{n=1}^{19}a_n$의 값은? [3점]

① 92 ② 94 ③ 96 ④ 98 ⑤ 100

8. $x=3$에서 극값을 가지는 이차함수 $f(x)$에 대하여 함수 $g(x)$를

$$g(x)=\begin{cases} f(x) & (x<1) \\ -f(x)+x-1 & (x \geq 1) \end{cases}$$

이라 하자. 함수 $g(x)$가 $x=1$에서 미분가능할 때, $f(9)$의 값은? [3점]

① -1 ② -2 ③ -3 ④ -4 ⑤ -5

9. 수열 $\{a_n\}$의 첫째항부터 제n항까지의 합을 S_n이라 하자. 모든 자연수 n에 대하여

$$S_n=4+2a_{n+1}$$

이고 $a_3=3$일 때, $a_1 \times a_4$의 값은? [4점]

① 12 ② 24 ③ 36 ④ 48 ⑤ 60

10. 시각 $t=0$일 때 동시에 원점을 출발하여 수직선 위를 움직이는 두 점 P, Q의 시각 $t(t \geq 0)$에서의 속도가 각각

$$v_1(t)=6t^2-4t-14,\ v_2(t)=3t^2-2t-8$$

이다. 출발한 시각부터 두 점 P, Q가 다시 만날 때까지 점 Q가 움직인 거리는? [4점]

① 12 ② 14 ③ 16 ④ 18 ⑤ 20

11. 함수

$$f(x)=\begin{cases} x^2-x & (x \le a) \\ -x+4 & (x > a) \end{cases}$$

에 대하여 함수 $f(x)f(x-a)$가 실수 전체의 집합에서 연속이 되도록 하는 모든 실수 a의 값의 곱은? [4점]

① -1 ② -2 ③ -4 ④ -8 ⑤ -16

12. 최고차항의 계수가 -1인 사차함수 $f(x)$에 대하여 곡선 $y=f(x)$와 직선 $y=2x$가 원점 O가 아닌 점에서 만나는 점을 x좌표가 작은 순서로 A, B라 할 때, 곡선 $y=f(x)$와 직선 $y=2x$는 점 B에서 접한다. 곡선 $y=f(x)$와 선분 OA로 둘러싸인 영역의 넓이를 S_1, 곡선 $y=f(x)$와 선분 AB로 둘러싸인 영역의 넓이를 S_2라 하자. $\overline{\text{OB}}=2\sqrt{5}$이고 $S_1=S_2$일 때, $f(1)$의 값은? [4점]

① $\frac{6}{5}$ ② $\frac{7}{5}$ ③ $\frac{8}{5}$ ④ $\frac{9}{5}$ ⑤ 2

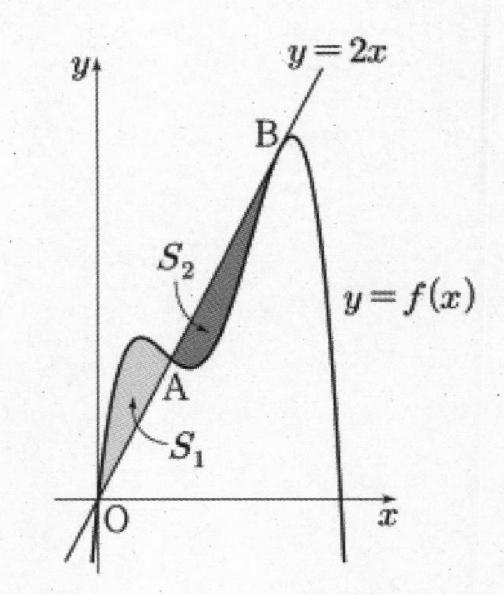

13. 그림과 같이

$$\overline{\text{AB}}=2\overline{\text{BC}},\ \angle\text{ABC}=\frac{2}{3}\pi$$

인 삼각형 ABC의 외접원을 O라 하자. 원 O 위의 점 P에 대하여 사각형 ABCP의 넓이가 최대가 되도록 하는 점 P를 Q라 할 때, $\overline{\text{QA}}=4$이다. 점 Q를 지나고 원 O에 접하는 직선과 두 직선 AB, BC의 교점을 각각 D, E라 할 때, 삼각형 BDE의 넓이는? [4점]

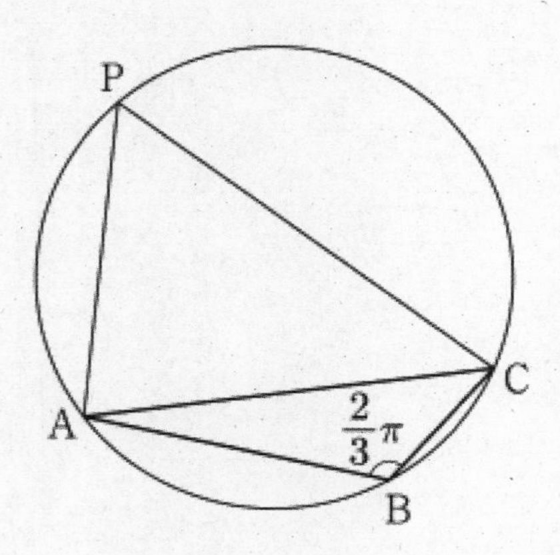

① $\frac{64\sqrt{3}}{7}$ ② $\frac{81\sqrt{3}}{7}$ ③ $\frac{128\sqrt{3}}{7}$
④ $\frac{162\sqrt{3}}{7}$ ⑤ $\frac{256\sqrt{3}}{7}$

14. 양수 a에 대하여 함수 $f(x)$는

$$f(x)=\begin{cases} ax+5 & (x \le 0) \\ -x^2+3x+3 & (x>0) \end{cases}$$

이다. 함수 $f(x)$와 최고차항의 계수가 양수인 삼차함수 $g(x)$에 대하여 $f(\alpha)=g(\alpha)$를 만족시키는 서로 다른 모든 실수 α의 값이 0, 1, 2이다. $g(3)=11$일 때, a의 최댓값은? [4점]

① $\frac{1}{2}$ ② 1 ③ $\frac{3}{2}$ ④ 2 ⑤ $\frac{5}{2}$

15. $0 < t < 2\pi$인 실수 t에 대하여 함수

$$f(x)=\begin{cases} \sin x - \sin t \ (0 \le x \le t) \\ \sin t - \sin x \ (t < x \le 2\pi) \end{cases}$$

의 최댓값을 $M(t)$, 최솟값을 $m(t)$라 하자. t에 대한 방정식 $M(t)-m(t)=2$의 해집합을 A라 할 때, 다음 중 집합 A의 원소가 아닌 것은? [4점]

① $\frac{\pi}{12}$ ② $\frac{\pi}{3}$ ③ $\frac{5}{6}\pi$ ④ $\frac{7}{6}\pi$ ⑤ $\frac{11}{6}\pi$

단답형

16. 함수 $f(x)=(2x^3+1)(x-1)$에 대하여 $f'(1)$의 값을 구하시오. [3점]

17. 두 곡선 $y=x^2$, $y=\frac{2}{3}x^2$과 직선 $x=6$으로 둘러싸인 도형의 넓이를 구하시오. [3점]

18. $y=3\cos\frac{\pi}{2}x$의 그래프와 직선 $y=\frac{3}{5}x$의 교점의 개수를 구하시오. [3점]

19. 함수 $f(x)=x^3-4x^2-x+12$에 대하여 곡선 $y=f(x)$ 위의 점 A(2, 2)에서의 접선이 곡선 $y=f(x)$와 만나는 점 중 A가 아닌 점을 B라 하자. 원점 O에 대하여 삼각형 OAB의 넓이를 구하시오. [3점]

20. 두 양의 상수 a, b에 대하여 함수 $f(x)$를

$$f(x)=\begin{cases} 2^{x+1}-b & (x<-a) \\ -\frac{1}{2}x+\frac{1}{2} & (|x|\le a) \\ 2^{-x+2}+b & (x>a) \end{cases}$$

라 하자. 다음 조건을 만족시키는 실수 k의 최댓값을 M이라 할 때, $M(a+b)$의 값을 구하시오. (단, $k>b$) [4점]

$-b<t<k$인 모든 실수 t에 대하여 함수 $y=f(x)$의 그래프와 직선 $y=t$의 교점의 개수는 1이다.

21. 첫째항이 자연수인 수열 $\{a_n\}$이 모든 자연수 n에 대하여

$$a_{n+1}=\begin{cases} \log_2 a_n & (\log_2 a_n\text{이 자연수인 경우}) \\ (a_n-2)^2 & (\log_2 a_n\text{이 자연수가 아닌 경우}) \end{cases}$$

를 만족시킬 때, $a_5=1$이 되도록 하는 모든 a_1의 개수를 구하시오. [4점]

22. 양의 상수 k에 대하여 함수 $f(x)$를

$$f(x)=\begin{cases} -|x|+2 & (x<2) \\ k(x-2)(x-4) & (x \geq 2) \end{cases}$$

이라 할 때, 함수 $g(x)=|x|\int_a^x f(t)dt$가 실수 전체의 집합에서 미분가능하도록 하는 실수 a의 개수가 3이다. $10k$의 값을 구하시오. [4점]

＊ 확인 사항

○ 답안지의 해당란에 필요한 내용을 정확히 기입(표기)했는지 확인하시오.

○ 이어서, 「**선택과목(확률과 통계)**」 문제가 제시되오니, 자신이 선택한 과목인지 확인하시오.

제 2 교시

수학 영역(확률과 통계)

5지선다형

23. 두 사건 A, B가 서로 배반사건이고,

$$\mathrm{P}(A)=\frac{1}{5},\ \mathrm{P}(A\cup B)=\frac{3}{4}$$

일 때, $\mathrm{P}(B)$의 값은? [2점]

① $\frac{3}{5}$ ② $\frac{11}{20}$ ③ $\frac{1}{2}$ ④ $\frac{9}{20}$ ⑤ $\frac{2}{5}$

24. 확률변수 X에 대하여 $\mathrm{E}(X^2)=40$, $\mathrm{V}(X)=15$일 때, $\mathrm{E}(2X)$의 값은? (단, $\mathrm{E}(X)>0$) [3점]

① 5 ② 10 ③ 15 ④ 20 ⑤ 25

25. $\left(ax+\frac{1}{x}\right)^8$의 전개식에서 x^2의 계수와 x^4의 계수 같을 때, a의 값은? [3점]

① 1 ② 2 ③ 3 ④ 4 ⑤ 5

26. 이산확률변수 X의 확률분포를 표로 나타내면 다음과 같다.

X	1	2	3	4	합계
$\mathrm{P}(X=x)$	a	b	b	a	1

$\mathrm{V}(X)=\frac{3}{4}$일 때, $a\times b$의 값은? (단, a, b는 상수이다.) [3점]

① $\frac{1}{32}$ ② $\frac{3}{64}$ ③ $\frac{1}{16}$ ④ $\frac{5}{64}$ ⑤ $\frac{3}{32}$

27. 어느 공장에서 생산하는 A 음료 1병의 용량은 평균이 m, 표준편차가 σ인 정규분포를 따른다고 한다. 이 공장에서 생산하는 A 음료 중에서 256병을 임의추출하여 얻은 A 음료 1병의 용량의 표본평균은 181이었다. 이 결과를 이용하여 이 공장에서 생산하는 A 음료 1병의 용량의 평균 m에 대한 신뢰도 95%의 신뢰구간을 구하면 $a \le m \le 181.98$이다. a의 값은? (단, 용량의 단위는 ml이고, Z가 표준정규분포를 따르는 확률변수일 때, $\mathrm{P}(|Z| \le 1.96) = 0.95$로 계산한다.) [3점]

① 180.01 ② 180.02 ③ 180.03 ④ 180.04 ⑤ 180.05

28. 다음 조건을 만족시키는 자연수 a, b, c, d의 모든 순서쌍 (a, b, c, d)의 개수는? (단, $d \ne 1$) [4점]

(가) $abc^2d^3 = 2^2 \times 3^2 \times 5^3 \times 7^2$
(나) a와 b는 서로소가 아니다.

① 31 ② 33 ③ 35 ④ 37 ⑤ 39

단답형

29. 좌표평면의 원점에 점 P가 있다. 한 개의 주사위를 사용하여 다음 시행을 한다.

> 한 개의 주사위를 던져 3 이상의 눈이 나오면 점 $(x,\ y)$를 $(x+2,\ y+1)$로 이동시키고 그 이외의 눈이 나오면 $(x+1,\ y+2)$로 이동시킨다.

점 P를 총 10회 이동시켰을 때, P의 좌표를 $(a,\ b)$라 하고, $a-b$의 값을 확률변수 X라 할 때, $\mathrm{E}(X)+\mathrm{V}(X)=\frac{q}{p}$이다. $p+q$의 값을 구하시오. [4점]

30. 좌표평면 위에 원점 O에 점 P가 있다. 한 개의 동전과 1부터 10까지 적힌 공 10개가 들어있는 주머니를 사용하여 다음 시행을 한다.

> 동전을 3번 던져 앞면이 나온 횟수가 주머니에서 한 개 꺼낸 수의 약수이면 점 P를 x축의 양의 방향으로 2만큼, y축의 양의 방향으로 1만큼 이동시키고,
> 주머니에서 한 개 꺼낸 눈이 약수가 아니면 점 P를 x축의 음의 방향으로 1만큼, y축의 음의 방향으로 2만큼 이동시킨다.

이 시행을 4번 반복한 후 중심이 $(2,1)$이고 반지름이 6인 원 경계 또는 내부에 점 P가 존재할 확률은 $\frac{q}{p}$이다. $p-q$의 값을 구하시오. (단, p와 q는 서로소인 자연수이다.) [4점]

> * 확인 사항
> ○ 답안지의 해당란에 필요한 내용을 정확히 기입(표기)했는지 확인하시오.
> ○ 이어서, 「**선택과목(미적분)**」 문제가 제시되오니, 자신이 선택한 과목인지 확인하시오.

제 2 교시

수학 영역(미적분)

5지선다형

23. 함수 $f(x)=(x^2+1)e^x$에 대하여 $f'(0)$의 값은? [2점]

① 0 ② 1 ③ 2 ④ e ⑤ $2e$

24. $x>-1$에서 정의된 함수 $f(x)=(2+x)^{\frac{1}{1+x}}$가 있다. $\dfrac{\lim\limits_{x\to-1+} f(x)}{e}-f'(0)$의 값은? [3점]

① ln2 ② ln3 ③ ln4 ④ ln5 ⑤ ln6

25. $a_1=4$, $a_2=6$인 등차수열 $\{a_n\}$과 모든 항이 양수인 수열 $\{b_n\}$이 모든 자연수 n에 대하여 $\sum_{k=1}^{n}\frac{(b_n)^2}{a_n}=n^2+3n+5$ 을 만족시킬 때, $\lim_{n\to\infty}\frac{(a_n)^2}{b_nb_{2n}}$의 값은? [3점]

① $\frac{1}{4}$ ② $\frac{1}{2}$ ③ 1 ④ $\frac{3}{2}$ ⑤ 2

26. 좌표평면 위를 움직이는 점 P의 시각 $t\,(t>0)$에서의 위치 $(x,\ y)$가

$$x=t^2+\frac{1}{t},\ y=4\sqrt{2t}$$

이다. 시각 $t=p\,(0<p<2)$에서 점 P의 속력이 최소일 때, 시각 $t=p$에서 $t=2p$까지 점 P가 움직인 거리는? [3점]

① 3 ② $\frac{7}{2}$ ③ 4 ④ $\frac{9}{2}$ ⑤ 5

27. 함수

$$f(x)=\begin{cases}\sqrt{8x+1} & (0 \le x \le 1) \\ \dfrac{3}{x\sqrt{x}} & (x>1)\end{cases}$$

에 대하여 좌표평면에서 곡선 $y=f(x)$와 x축, y축 및 직선 $x=a$ $(a \ge 1)$로 둘러싸인 도형을 밑면으로 하고, x축에 수직인 평면으로 자른 단면이 모두 정사각형인 입체도형의 부피를 $g(a)$라 하자. $\int_1^3 ag(a)\,da$의 값은? [3점]

① $38-\frac{9}{2}\ln 3$ ② $38-\frac{7}{2}\ln 3$ ③ $36-\frac{9}{2}\ln 3$ ④ $36-\frac{7}{2}\ln 3$ ⑤ $40-\frac{7}{2}\ln 3$

28. 모든 양의 실수 x에 대하여

$$x^2-x\tan\theta+t \ge 0$$

이 성립하도록 하는 θ $\left(0 \le \theta < \frac{\pi}{2}\right)$의 최댓값을 $f(t)$라 할 때, $\frac{1}{f'(4)}$의 값은? (단, $t \ge 0$) [4점]

① 26 ② 28 ③ 30 ④ 32 ⑤ 34

단답형

29. 최고차항의 계수가 양수이고 $f(0)=0$인 삼차함수 $f(x)$와 $g(x)=\dfrac{\cos x}{2+\sin x}$에 대하여 함수 $h(x)$를 $h(x)=g(f(x))$라 하자. $\int_0^{\alpha} h(x)f'(x)dx=0$이고 $\alpha>0$인 모든 실수 α를 작은 수부터 크기순으로 나열한 것을 α_1, α_2, α_3 $\cdots$라 하자. $\alpha_4=1$이고 함수 $h(x)$가 $x=\alpha_2$와 $x=\alpha_4$에서 극값을 가질 때, $\dfrac{f(\alpha_8)}{\pi\alpha_6}$의 값을 구하시오. [4점]

30. 수열 $\{a_n\}$은 공비가 0이 아닌 등비수열이고, 수열 $\{b_n\}$을 모든 자연수 n에 대하여

$$b_n=\begin{cases} a_n & (|a_n|<\alpha) \\ -\dfrac{3}{a_n} & (|a_n|\geq\alpha) \end{cases} \quad (\alpha\text{는 양의 상수})$$

라 할 때, 두 수열 $\{a_n\}$, $\{b_n\}$과 자연수 p가 다음 조건을 만족시킬 때, $a_1\times p$의 값을 구하시오. [4점]

(가) $\displaystyle\sum_{n=1}^{\infty} a_n=2$

(나) $\displaystyle\sum_{n=1}^{m}\frac{a_n}{b_n}$의 값이 최소가 되도록 하는 자연수 m은 p이고, $\displaystyle\sum_{n=1}^{p} b_n=-11$, $\displaystyle\sum_{n=p+1}^{\infty} b_n=-\frac{1}{16}$이다.

* 확인 사항

○ 답안지의 해당란에 필요한 내용을 정확히 기입(표기)했는지 확인하시오.

○ 이어서, 「**선택과목(기하)**」 문제가 제시되오니, 자신이 선택한 과목인지 확인하시오.

제 2 교시

수학 영역(기하)

5지선다형

23. 두 벡터 $\vec{a}=(15,\ 13)$, $\vec{b}=(11,\ 12)$에 대하여 벡터 $\vec{a}-\vec{b}$의 모든 성분의 합은? [2점]

① 1 ② 2 ③ 3 ④ 4 ⑤ 5

24. 두 상수 $a,\ k$에 대하여 포물선 $(y-4)^2=k(x-3)$의 초점의 좌표는 $(6,\ 4)$이고 준선은 $x=a$일 때, $a+k$의 값은? [3점]

① 6 ② 8 ③ 10 ④ 12 ⑤ 14

25. 타원 $\frac{x^2}{5^2}+\frac{y^2}{3^2}=1$의 두 초점이 F, F′이고, 중심이 $(0,\ -3)$이고 반지름의 길이가 5인 원 C가 타원과 만나는 두 점 중 제 4사분면 위의 점을 P라 할 때, 삼각형 PFF′의 넓이의 값은? [3점]

① 4 ② $\frac{9}{2}$ ③ 5 ④ $\frac{11}{2}$ ⑤ 6

26. 구 $x^2+y^2+z^2-4x-6y+2z-2=0$을 zx평면으로 자를 때 생기는 단면을 밑면으로 하고, 구에 내접하는 원기둥의 부피는? [3점]

① 41π ② 42π ③ 43π ④ 44π ⑤ 45π

27. 평면 위의 한 정점 $\overrightarrow{OA}=\vec{a}$, $|\vec{a}|=2$이고 $\overrightarrow{OB}=\vec{b}$에 대하여

$$|\vec{a}\cdot\vec{b}|\le 2,\ |\vec{a}+\vec{b}|\le\sqrt{2}$$

를 만족하는 점 B의 영역의 넓이의 값은? (단, 점 O, A, B는 같은 평면 위에 있다.) [3점]

① $\frac{\pi}{3}-1$ ② $\frac{\pi}{2}-1$ ③ $\frac{\pi}{2}+1$
④ $\frac{\pi}{3}+1$ ⑤ $\frac{\pi}{4}+1$

28. 평면 위에 한 점 A가 있고 점 A와의 거리가 d인 직선 l이 있다. 직선 l위의 두 점 B와 C는 모두 $|\overrightarrow{AB}|=|\overrightarrow{AC}|=5$이다. 이 평면 위의 $|\overrightarrow{AP}|=5$를 만족하는 모든 점 P에서 $|\overrightarrow{PB}+\overrightarrow{PC}|$의 최댓값은 16이다. 이때, $|\overrightarrow{AQ}|=5$를 만족하는 점 Q에서 $|\overrightarrow{QB}+\overrightarrow{QC}|$의 최솟값은 k라 할 때, $d\times k$의 값은? (단, d는 $d\le 5$인 상수이다.) [4점]

① 8 ② 9 ③ 10 ④ 12 ⑤ 15

단답형

29. 그림과 같이 쌍곡선 $\frac{x^2}{4}-\frac{y^2}{5}=1\ (x<0)$의 초점을 F′ 이라 하고 포물선 $y^2=12x$의 초점을 F 라 하자. 이때 x축의 양의 방향과 이루는 각이 $\frac{\pi}{3}$ 이면서 점 F를 지나는 직선이 포물선 $y^2=12x$과 제1 사분면에서 만나는 점을 A , 제4사분면에서 만나는 점을 B 이고 선분 AF′ 과 쌍곡선이 제2사분면에서 만나는 점을 C , 선분 BF′ 과 쌍곡선이 제3사분면에서 만나는 점을 D 라 하자.

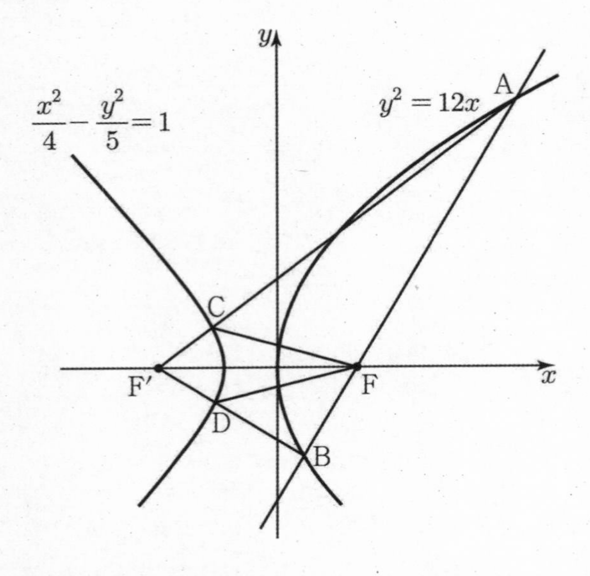

삼각형 ACF 의 둘레의 길이와 삼각형 BFD 의 둘레의 길이의 합은 $p+q\sqrt{7}$ 일 때, $p+q$의 값을 구하시오 [4점]

30. 그림과 같이 좌표공간에 반지름의 길이가 8이고 중심이 O인 구 S가 있다. 점 O를 지나는 평면을 α라 하고, 구 S 위의 점 A에서 구 S에 접하는 평면을 β라 할 때, 두 평면 α, β가 이루는 예각의 크기는 60° 이다. $\angle AOP=60^\circ$ 를 만족시키는 구 위의 점 P에 대하여 평면 AOP와 평면 α가 이루는 예각의 크기가 최소일 때, 삼각형 AOP의 평면 α로의 정사영의 넓이를 k라 하자. k^2의 값을 구하시오. [4점]

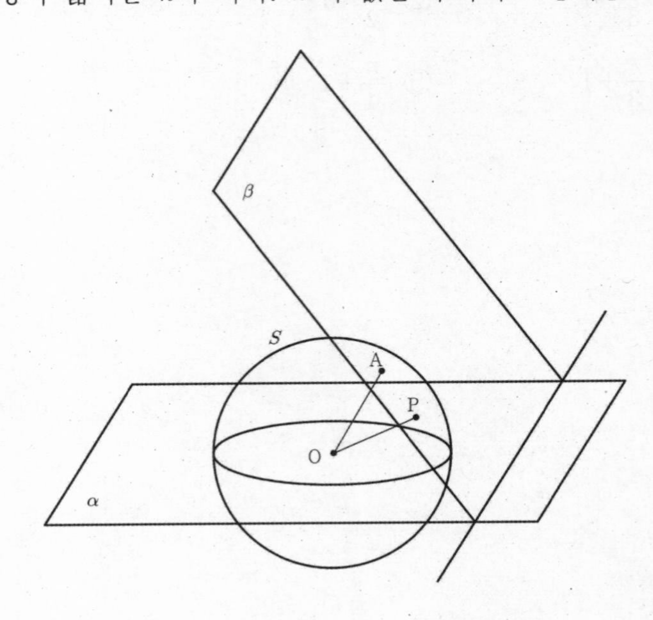

* 확인 사항
○ 답안지의 해당란에 필요한 내용을 정확히 기입(표기)했는지 확인하시오.

※ 시험이 시작되기 전까지 표지를 넘기지 마시오.